倉鼠

和小小的同伴們一起玩吧！

本書介紹的倉鼠、兔子、雪貂、花栗鼠（條紋松鼠）以及天竺鼠等小動物，一旦與人類親近，就喜歡和人類一起玩樂。你希望和哪一種動物建立良好的友誼呢？

我是好奇寶寶，喜歡玩遊戲和探險

小小的身體不停的轉動著滾輪，穿過連接管，個性活潑好動；喜歡在屋內探險，別忘了每天帶我去散步哦！

在房間散步時，可能會突然失蹤哦！啊，我發現了一個很隱密的躲藏處！

喜歡花草樹木的香氣，在籠子內也要放些樹枝或天然素材的鋪料哦！

親近人類後，就可以直接用手餵食。今天吃到最喜歡的蔬菜，眞是太棒了！

依品種的不同顏色也不同，黑色是大眾化的顏色。

喜歡往細縫裡鑽是我們的習性，玩連接管遊戲也是一大樂事。

有些品種會和同伴一起玩，適合群居。我們加卡利亞倉鼠可以一次同時飼養好幾隻呢！

HAMSTER

後腳力道很強，可以像這樣用後腳站立哦！

沒有人陪我玩，真是無聊，今天回來要陪我玩哦！

兔子

希望有人陪牠一起玩的兔子

兔子和人類一起生活的歷史相當悠久，
會用動作表達自己的心情。
想要人類陪牠玩時，就會親近人類，
要了解兔子的這種心情並且陪牠玩哦！

爲了確認周遭的安全性，會立起雙腳環顧四周。

喜歡和人類一起玩，主人有空的時候，就要趕緊call me 哦！

「我不在這裡、我不在這裡！」警覺性極高，會偷偷躲藏在暗處觀察周遭的情況。

爲兔子刷毛，與兔子之間的肌膚接觸有助於健康管理，要養成習慣喔！

只要聞對方身體的氣味，就可以分辨是敵還是友。啊！原來你是我的朋友。

RABBIT

寒冷時會互相依偎在一起取暖，感覺好窩心哦！

我們是草食性動物，需要吃新鮮的蔬果、野草或乾草。

兔子喜歡在野外嬉戲，在氣候穩定的季節，要經常帶牠外出散步。

雪貂

FERRET

今天是好天氣，好想出去散步！

雪貂個性頑皮，不想老是被關在屋內，偶爾可以利用牽繩或吊帶帶牠到野外一起散散心。當然，玩具也是牠的最愛。

我的個性活潑，不甘寂寞，有誰願意陪我玩呢？

我們可以過著群居生活，飼養方法很簡單。如果空間許可，不妨一試哦！

身體細長，對於這種狹長型的玩具情有獨鍾。

只要為我們戴上牽繩或吊帶，就可以像狗一樣和人類一起外出散步哦！

在戶外玩耍是一大享受，天氣好的日子，請帶我們出遊！

花栗鼠（條紋松鼠）

不認生之後就可以放在手上把玩

花栗鼠依然殘留著野生的生態和習性，只要多花點時間讓彼此熟悉，就可以放在手上把玩。千萬別操之過急，慢慢的培養感情吧！

鼓鼓的頰囊內，可以塞入很多愛吃的果實哦！

雖然喜歡散步，但是攀爬高處更是看家本領，可別讓我們給逃跑了哦！

活動範圍廣泛，擁有無數的天敵，因此左右分得很開的眼睛，總是會小心翼翼的偵查四面八方。

最初會認生，但只要和人類熟識後，甚至可以把我們裝進口袋內哦！

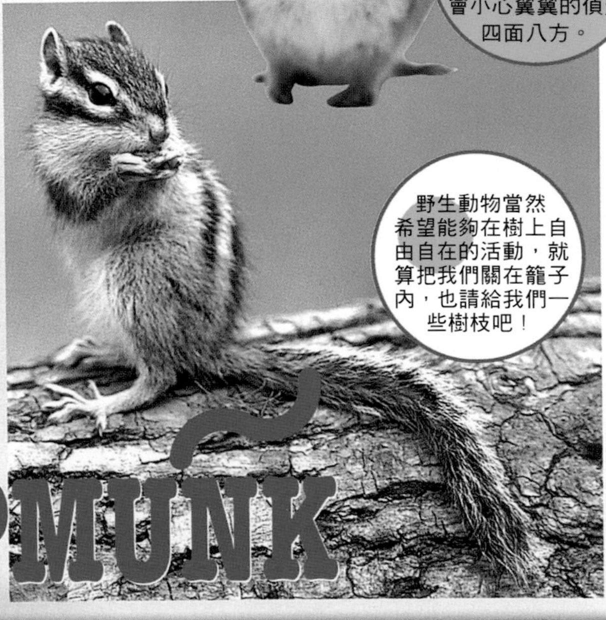

野生動物當然希望能夠在樹上自由自在的活動，就算把我們關在籠子內，也請給我們一些樹枝吧！

CHIPMUNK

天竺鼠

溫馴可愛，容易相處

個性溫馴的天竺鼠，人見人愛。
身體大小適中，適合抱在懷裡。
個性膽小，易受驚嚇，請溫柔的對待我們。

靜靜的趴在原地時，請不要粗魯的突然抱起我。我是很膽小的小動物！

我們是野生群居的動物，只要身邊有同伴就安心了。

MARMOT

我們是一家人，從小就和媽媽長一個樣子。

天竺鼠的身體大約長 20 公分，適合用雙手抱在胸前，請給予溫柔的擁抱！

毛色豐富，其中以混雜 3 種顏色的天竺鼠最常見。

和可愛的小動物們一起快樂的生活

最近有很多人將倉鼠、兔子、雪貂等動物當成寵物來飼養，在寵物店經常可以看到牠們可愛討喜的模樣。這些小動物的魅力眞是無法抵擋，就算空間狹窄也可以飼養，不會製造噪音，適合居家飼養。

但是這些小寵物們畢竟是帶著生命降臨世間的「動物」，不能只因爲牠們的外型可愛就不顧一切的買回家飼養，要了解其習性和生態後再飼養，否則會給牠們帶來不幸。

本書爲各位介紹的是倉鼠、兔子、雪貂、花栗鼠及天竺鼠這 5 種動物，各種動物的生態不同，需要的飼養配備及飼料也各不相同，要先了解自己想要飼養動物的特色、個性之後再開始飼養。

只要投其所好，付出關心，就能夠成爲牠們最好的朋友。希望藉由本書，能夠幫助飼主和小動物們過著快樂幸福的生活。

目次 CONTENTS

1

和小動物們一起生活之前……

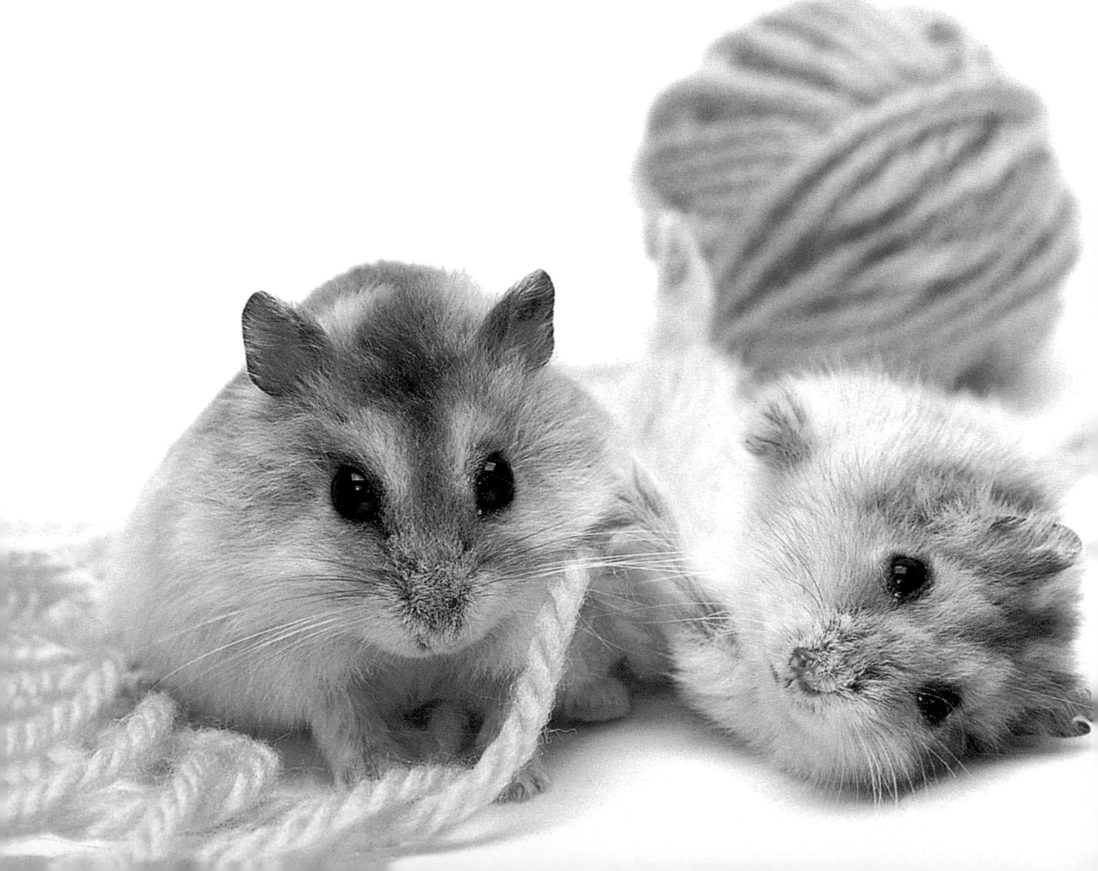

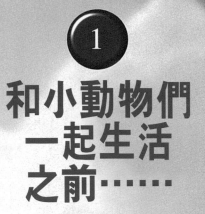

哪種動物才是你最佳的伴侶呢？

小動物有很多種，首先要了解動物和你之間的相和性。從問題①開始做答，藉此就能夠找到最適合你的動物伴侶。

1

第一次飼養動物，所以想要選擇方便照顧的動物

YES → ②　NO → ③

2

白天不在家，想要在晚上回家後和動物一起玩

YES → ⑤　NO → ④

3

喜歡撫摸、碰觸等肌膚接觸

YES → ④　NO → ⑥

4

想要一次同時飼養數隻

YES → ⑪　NO → ⑦

5

想要飼養能夠在房間內自由活動的寵物

YES → ⑪　NO → ⑧

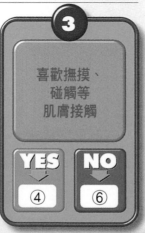

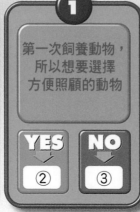

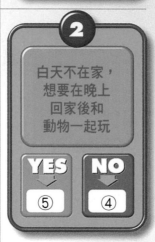

6

對於繁殖感興趣，
想要孕育
可愛的動物寶寶

YES → ⑦　NO → ⑩

7

對於氣味過敏，
想要飼養
不用擔心氣味
問題的動物

YES → ⑧　NO → ⑨

8

想要飼養和
狗一樣能夠
牽出戶外
散步的寵物

YES → ⑪　NO → ⑩

9

想要和牠
長期相處，
所以壽命
越長越好

YES → ⑪　NO → ⑫

10

雖是寵物，
卻能夠享受
野外生態的氣息

YES → D　NO → E

11

想要擁有
毛色富於變化的
動物

YES → C　NO → ⑩

12

住在公寓大廈，
希望飼養能夠
養在狹窄
空間的動物

YES → A　NO → B

A～E的結果
請看次頁

A	小巧可愛，生手也能夠順利飼養 倉鼠	人氣 No. 1 的小寵物，有些品種可以放在手上把玩。
B	抱起來的感覺最舒服，可以養在屋內自由活動 兔子	個性溫和，容易照顧，能夠成爲好伴侶。
C	可以一起玩，充分享受肌膚接觸之樂 雪貂	毛色富於變化，是可以和人類一同遊戲的好夥伴。
D	動作敏捷，百看不厭 花栗鼠	強烈殘留野生動物的氣息，是適合觀賞的寵物。
E	個性溫馴，是老少咸宜的寵物 天竺鼠	大小適合抱在懷中，個性順從，容易飼養，可以群居。

這是適合你的伴侶

即使是生手也容易飼養的倉鼠、兔子等

第一次飼養動物的人，不妨以倉鼠、兔子等容易飼養的動物爲優先考量。

至於花栗鼠，則強烈殘留野生動物的習性與個性，如果不具某種程度的飼養能力，養起來會倍感吃力，所以不建議生手飼養。

追求肌膚接觸的快感還是視覺享受？

想要抱著牠一起玩，還是只想欣賞牠那接近於野生的姿態呢？在飼養動物之前，要先了解自己想要和寵物如何相處。

像雪貂、兔子、天竺鼠是喜歡親近人類的動物，而花栗鼠、倉鼠則喜歡自由，不喜歡被人類玩弄於手掌之中，想要觸摸牠並不容易。

夜晚才回家的你適合飼養夜行性動物

花栗鼠是日行性動物，當然也有夜行性動物。白天不在家的人，最好飼養夜行性動物，這樣才有時間陪牠玩。

倉鼠、兔子、雪貂、天竺鼠是屬於夜行性動物，其中兔子、雪貂、天竺鼠會配合主人的步調，在白天展現活動。

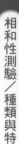

檢查各種動物的生態與特徵

在飼養寵物之前，務必要先了解動物的生態，在此介紹各種動物的野生生活及特徵。

倉鼠

詳細內容在49頁以後

生活在地洞中，是挖洞高手

倉鼠是老鼠的同類，野生倉鼠生活在沙漠等乾燥地區的地洞中，像黃金鼠所居住的地洞，其深度達2～3公尺。

在地洞的鼠窩中，有寢室、食物貯藏庫、廁所等，白天幾乎都是在鼠窩中度過，到了冬天會挖掘長長的地道在裡面冬眠。

為了逃避白天的暑熱和天敵，倉鼠會在夜間展開行動。發現食物時，將其塞藏在頰囊中帶回巢窩。

擁有強烈的領域意識，很難群居。黃金鼠除了繁殖期以外，基本上都是獨居，多瓦夫倉鼠（迷你型小倉鼠）則是公母一起生活。

①日行性或夜行性／夜行性②食性／雜食性／③壽命／ 2～3 年，較長者為8年④可以撫摸嗎？／熟識後就可以放在手上⑤可以數隻共同飼養嗎？／多瓦夫倉鼠可以⑥大小的標準／體長：公18公分、母19公分　體重：公85～130公克、母95～150公克（黃金鼠）

在地底下挖掘很深的隧道，而且朝側面擴張，分為幾個不同的房間。

兔子

詳細內容在69頁以後

寵物兔的源流來自生活於洞中的「洞兔」

當成寵物飼養的兔子，是將洞兔進行品種改良而來。野生洞兔會挖洞築窩生活，在地中建造廁所，藉此劃分自己的勢力範圍。現在人類所飼養的寵物兔中，有些仍殘留著利用噴尿來展現領域的習性。

①日行性或夜行性／夜行性②食性／草食性③壽命／5～10年④可以撫摸嗎？／盡量撫摸⑤可以數隻共同飼養嗎？／可以⑥大小的標準／體長：25～35 公分　體重：約 0.9 公斤（荷蘭侏儒兔）

母兔在離開建於地下的巢穴時，為了保護寶寶免於天敵之害，會用土封住入口，並用後腳踏平。

雪貂

詳細內容在89頁以後

難以在野生世界中棲息的鼬鼠的同類

雪貂是鼬鼠的同類，是由歐洲長毛鼬鼠畜化而來，現在當成寵物飼養的雪貂無法過著野生生活。身上具有會散發強烈刺激氣味的臭腺，不過只要事前動手術去除就沒問題了。

①日行性或夜行性／夜行性②食性／肉食性③壽命／7～10年④可以撫摸嗎？／盡量撫摸⑤可以數隻共同飼養嗎？／可以⑥大小的標準／體長：公約40公分、母約35公分　體重：公0.8～2.0公斤、母0.6～1.5公斤

野生的歐洲長毛鼬鼠通常都是單獨生活，行動範圍廣泛，會利用自己的分泌物或排泄物做記號。

花栗鼠

詳細內容在105頁以後

以地洞的窩爲生活重心馳騁於森林中

野生的花栗鼠棲息於森林中。夜間窩藏在地洞中，白天馳騁於森林中覓食，冬天則在地洞內冬眠。野生的花栗鼠必須面臨無數的天敵，所以是警覺性極高的動物，請溫柔的善待牠。

①日行性或夜行性／日行性②食性／雜食性③壽命／ 5～10 年④可以撫摸嗎？／警覺性較高，與人類親近後，就可以放在手上⑤可以數隻共同飼養嗎？／基本上只能飼養 1 隻⑥大小的標準／體長：約 14 公分　體重：70～120 公克

白天活動的花栗鼠會進入樹洞中休息，這裡也成爲逃避天敵的避難所。

天竺鼠

詳細內容在121頁以後

窩藏在草原地帶的地下過著群居生活

天竺鼠和倉鼠都是老鼠的同類。野生天竺鼠只有單一的灰色毛色，會築窩過著群居生活，能夠同時飼養多隻。沒有頰囊，所以無法像倉鼠一樣建造食物貯藏庫。

①日行性或夜行性／夜行性②食性／草食性③壽命／ 6～8 年④可以撫摸嗎？／容易受到驚嚇，要小心處理⑤可以數隻共同飼養嗎？／可以⑥大小的標準／體長：20～40 公分　體重：約 1.2 公斤

天竺鼠會在草原或灌木林中築窩，或以兔子、狐狸的舊窩爲棲息地。

在和小動物一起生活之前

一旦飼養動物之後，就要對牠們負責到底。飼養之前，請先問問自己能不能做到以下幾點。

Check 1 是否充分了解想要飼養的動物的生態？

如果在飼養之前不了解該動物的生態與習性，那麼日後可能會發生一些問題。要考慮自己的生活方式與興趣，選擇適合飼養的寵物。

Check 2 能夠每天持續照顧動物嗎？還是有人能夠代為照顧呢？

照顧動物是每天都偷懶不得的大事，即使力不從心，也要請他人代為照顧。如果與家人同住，則要事先徵求家人代為照顧的意願，並且確認家中是否有人對動物過敏。

Check 3 是否完全掌握籠子的安置場所與飼養費用等條件？

小動物可以養在公寓中，但需要擁有比較寬敞的籠子，事先要確認安置籠子的空間。

同時也要考慮自己的經濟能力，飼養動物需要飼料與飼養配備的費用，生病時也需要醫藥費。

Check 4 住家附近是否有動物醫院？

有些進口的小動物找不到專科醫師加以診治，這也是一大問題。

在飼養之前，要先確認住家附近是否有能夠對你所飼養的動物，進行醫療的獸醫。

守護寵物健康的飼養3原則

對於生活在與野生不同的人工環境中的動物們，要給予周全的照顧。請記住本書所介紹的「飼養3原則」，每天關愛牠們。

●原則1．均衡的飲食

野生動物們會找尋適合自己的食物，但人類飼養的動物就無法做到這一點了。

不論是草食、肉食或雜食性動物，都必須了解牠們的食性，飼主要給予營養均衡的適量食物。

大量給予人類自己愛吃的高熱量食物或零食，會讓寵物生病，一定要注意。

●原則2．清潔的環境

寵物們一整天大部分的時間都是與籠子爲伍，籠子內如果髒污潮濕，會損害寵物們的健康。

每天簡單的收拾，1個月進行1～2次的大掃除。

●原則3．預防肥胖、消除壓力的適當運動

均衡的飲食、清潔的環境、適當的運動，是寵物健康管理不可或缺的3大要素。原本奔馳於野外的動物，一旦被人類飼養後，容易造成運動不足，成爲壓力、肥胖等各種疾病的原因。

爲了便於活動，籠子要寬大一些。飼養倉鼠或花栗鼠時，可以在籠子內放入滾輪，或讓牠到籠子外散步。如果是兔子、天竺鼠、雪貂的話，則要盡量讓牠們在籠子外活動。

購買時要仔細確認動物的健康狀態

飼養的寵物多半是從寵物店中購買或飼主分送給你，這時要仔細確認動物的健康狀態。

從何處得到小動物？

小動物多半是經由以下的途徑而獲得。

①從寵物商店或育種人士那兒得到

除了貓、狗以外，販賣其他小動物的寵物商店也越來越多。

這些寵物商店分為販售各種寵物的綜合店，以及只賣單一動物的專賣店，大部分的商店都有專業人士為你提供服務，可加以比較，其中店內的清潔與店員的諮商態度是否親切，都是考慮的重點。

除了寵物店以外，也可以從專業的育種人士那兒購買。

②從飼養者那兒分送而來

如果親朋好友有要繁殖小動物的打算，那麼也可以請他們分送給你。這時，別忘了從對方那兒聽取飼養的建議。

③從雜誌資訊中取得

現在有些寵物雜誌會刊登寵物買賣資訊，可加以利用。

不過，要從寵物雜誌找到適合的寵物，要花較長的時間，想要立刻飼養寵物的人，不妨另尋其他管道。

④藉著網路的HP或ML搜尋

例如在網路上輸入「倉鼠」這個關鍵字，就可以意外的看到許多網頁（HP）。

另外，也有用來交換資訊的通訊名單（ML），可逐一加以確認。

利用雜誌或網路購物時，務必要親眼目睹實物後，再決定是否要購買。

挑選動物時的健康檢查重點

耳內及四周是否乾淨？
是否有食慾？身上是否有硬塊？是不是活潑好動有精神？是否展現與其他個體不同的行動力？
眼睛
是否有眼屎？
眼睛是否炯炯有神？
是否有光澤？是否脫毛？是否常出現搔養動作？
鼻子
是否流鼻水或骯髒？
口・齒
是否會流口水？
是否咬合不正？
臀部
臀部四周是否骯髒？是否出現下痢等症狀？

做健康檢查的時間帶

找出1天中動物活潑好動的時間帶。像倉鼠、兔子等夜行性動物，則在傍晚進行健康檢查。而花栗鼠等日行性動物，則在白天進行檢查。

像花栗鼠等在特定季節繁殖的動物要確認到貨時期

動物多半在春天繁殖，4～5月時，寵物商店中充滿著各種待價而沽的動物。

尤其花栗鼠只在春天繁殖，錯過這個時期，就不易買到剛出生的小花栗鼠了。

最好事前向寵物店確認到貨的預定日期。

基本配備不可少

與動物們一起生活之前，要先準備好飼養配備。不要只求外觀的美麗，也要顧及物品的堅固與耐用。

籠子、水箱

考慮動物大小 選擇方便使用的物品

動物1天中大部分的時間都是在籠子內生活，所以要選擇舒適的寬大籠子（各種動物適用的籠子大小，請參考28頁）。

飼養兔子、雪貂、天竺鼠、花栗鼠時，最好使用鐵籠子，配合各動物身體的特徵與生態來選擇。以花栗鼠爲例，籠子的底部面積要寬，高度也要足夠。

雖說籠子的空間面積要大，但是如果籠子的欄杆縫隙太寬，可能會夾住動物的身體，使其受傷或脫逃。

此外，基於安全性與保濕性的考量，建議飼主們以水箱取代鐵籠子來飼養倉鼠。

用鐵籠子飼養天竺鼠的例子。爲防止其逃脫，最好利用鐵栓等補強籠子的出入口。

建議將倉鼠飼養在水箱內。
爲求空氣暢通，可使用鐵網蓋。

築窩材料與鋪設墊料

準備適合各種動物使用的素材

野生動物各自擁有自己的窩，因此，築窩材料與鋪設墊料依動物的不同而有不同，寵物們需要的是擁有一個接近自然的環境。

兔子、天竺鼠、倉鼠、花栗鼠在地底下挖洞做窩生活，在窩中用乾枯的草葉做床，因此最好使用牧草、木屑、玉米梗等天然素材，當成築窩材料與鋪設墊料。

利用底部爲木板的籠子飼養兔子時，就不需要鋪料了。不過，如果將吸水性極佳的寵物墊鋪在木板下，那就更周全了。

飼養雪貂時，要使用木板或薄木板等鋪料，這是爲了保護其纖細的肉趾。另外，也可以使用不必擔心被腳爪抓壞的布。

如果使用吊床或睡袋休息，就不需要築窩材料。

●牧草
即使吃進肚子內，對身體也無害。保溫性佳，長短不一。兔子、天竺鼠適合使用長的牧草，而體型較小的倉鼠與花栗鼠則適合使用短的牧草。

●木屑
木屑散發樹香，具有除臭效果，但未經加熱處理的木屑會引起過敏，所以要加熱後才能使用，倉鼠與花栗鼠適用。

也可以用報紙或衛生紙取代

將報紙、衛生紙等紙類撕碎做成鋪料也不錯，既經濟又實惠。不過與天然素材相比，保溫性較差。同時，報紙的油墨可能會附著在動物身上，所以不建議讓淺色毛的動物使用。

動物的腳一旦被毛巾或棉布等鉤到，可能會受傷，而吃進肚子裡時，會引起腸絞痛，所以不適合當成鋪料使用。

●玉米梗
以玉米爲原料，即使吃進口中也很安全，不易引起過敏，吸水性佳，完全加工製成，不會損害動物的身體，但是不容易買到。

食盆

選擇堅固耐用的材質

爲了讓動物方便飲食，要選擇寬口、不易打翻的食盆，有些食盆是固定在籠子內來使用。

塑膠製品易被咬壞，最好使用陶瓷或不鏽鋼製品。

飲水器

以附帶吸水孔的瓶裝式飲水器爲最佳選擇

附帶吸水孔的瓶裝式飲水器，不用擔心水滴下會打濕籠子，將飲水器固定在寵物容易喝到的位置。

塑膠製的吸水孔容易被咬壞，最好選擇不鏽鋼製品。此外，一旦雜物或飼料堵塞吸水孔就不易出水，所以每天要用刷子清理。

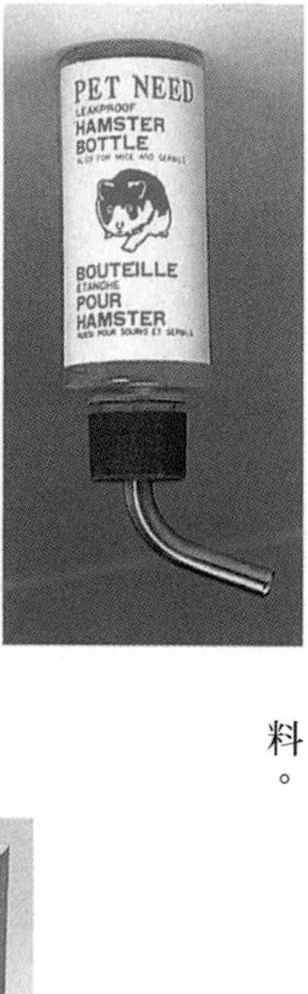

窩巢

選擇耐咬安全的天然素材製品

對動物而言，窩巢是能夠安心休息與躲藏的重要空間。飼養倉鼠、花栗鼠、天竺鼠時，一定要準備窩巢，兔子可以不用窩巢，雪貂則是使用吊床或睡袋休息。

飼養倉鼠或小鳥時，窩巢的大小要足以容納動物的身體，而素材則要選擇堅固耐咬的木製品，可利用衛生紙盒、滾筒衛生紙的捲芯、瓦楞紙等親手製作窩巢。

裡面要記得放入足夠的築窩材料。

鼠砂

配合身體的大小 選擇容易使用的砂子

兔子、倉鼠、雪貂有在固定場所排泄的習慣，所以要耐心的教導。

市面上有販賣寵物用便盆，但如果是飼養兔子的話，可以廚房用滴水籃來取代，十分划算。

在裡面放入寵物專用砂子，就不必擔心氣味的問題，但有時會吃進口中，所以要捨棄沾濕而凝固的砂子。此外，像花栗鼠、天竺鼠多半沒有在固定場所排泄的習慣，所以不準備便盆也無妨。

攜帶型籠子

短時間外出或打掃時十分方便

要帶寵物去動物醫院或打掃時，這種籠子十分方便。

雖然是攜帶型，但也要配合寵物身體的大小，來選擇適合的籠子。

玩具

解決運動不足的問題 有助於消除壓力

與生活在大自然中相比，關在籠子內的確容易造成運動不足。倉鼠和花栗鼠很喜歡玩滾輪遊戲，最好在籠子內放置幾個滾輪。

市面上有販賣雪貂專用玩具，貓的玩具也可以讓雪貂玩。

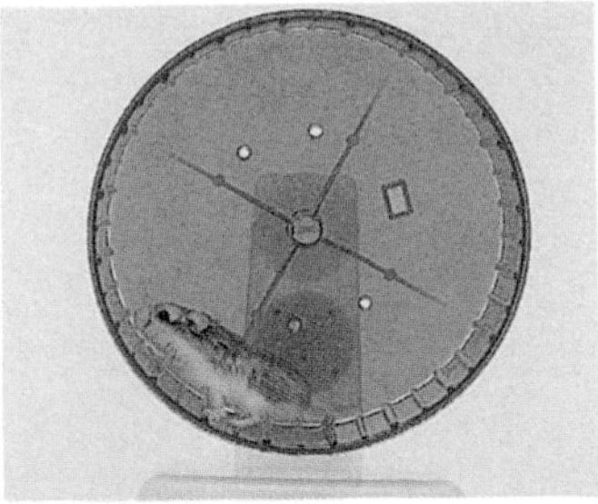

讓寵物生活在安靜、舒適的場所

動物們對於聲音和氣味相當的敏感，要讓其生活在安靜、通風的舒適場所，事前就要想好家中的哪一處可以飼養寵物。

初次飼養小型寵物的人最好在室內飼養

不耐寒暑的小動物，最好要養在不受天候影響、溫差較少的室內，這樣才能夠放心。兔子或天竺鼠則可以養在戶外的專用小屋。因此，如果家中沒有寬廣的庭院，就很難達成目的。

飼養在屋外時，動物有可能逃脫或遭到貓、狗的攻擊，所以初次飼養寵物的人，最好在室內準備足以容納其身的籠子。

首先確定安置籠子的場所

讓動物們安心棲息的籠子，需要擁有足夠的空間，而且要選擇能夠配合該動物生態的籠子。

像身體較小的多瓦夫倉鼠，就可以養在較小的水箱中，而運動量較大的雪貂或花栗鼠，則必須養在高度足夠的籠子內，天竺鼠的籠子則可以不必太高。

請參考下表的籠子尺寸，確定安置的場所。

飼養各種動物所需的籠子大小

動物＼尺寸		寬（cm）	深（cm）	高（cm）
倉鼠	黃金鼠	35	65	20
	多瓦夫倉鼠	35	25	20
兔子		50	60	50
雪貂		70	60	60
花栗鼠		20～30	20～30	60
天竺鼠		30 以上	30 以上	25

通氣性佳、陽光不會直接照射到的安靜場所最好

要將籠子安置在室內時，爲了不讓動物們承受壓力，應該要選擇能夠讓牠們安靜生活的場所。

基本上，安靜、不受陽光直接照射、通風的場所最爲理想。此外，要避免直接面對空調的出風口以及從門縫直撲而來的風。動物們對聲音十分敏感，所以也要避開電話、電視等較吵雜的場所。

遠離廁所、浴室、廚房等潮濕的場所

任何動物都有其適合飼養的溫度與濕度，小動物們難以適應濕度，因此放置籠子的場所要遠離廁所、浴室、廚房等潮濕的地方。

如果是兔子、天竺鼠，則可以將籠子放置在陽台飼養，但是要避免遭到貓、狗的攻擊。要避免讓小動物們受到風吹雨打，可以在陽台上掛上竹簾，以免陽光直接照射。

置於離窗戶1公尺以上的場所
置於通風良好的房間
置於白天較亮、夜晚較暗的場所
勿放置於電視或音響旁

ONE POINT 重點

有過敏體質的人，可以飼養寵物嗎？

自己或家人中有過敏體質者，對於飼養寵物會感覺到不安。

尤其小動物，不像貓、狗一樣能夠於事前測知該動物是否爲過敏原（引起過敏的物質），不經飼養恐怕難以了解情況。

動物過敏多半是毛或皮屑所引起的，只要經常清理籠子，保持寵物身體的清潔，就會使得結果完全不同。

此外，雖然不是過敏，但動物也會傳染一些疾病給人類（參考158頁），和寵物一起玩耍之後務必要洗手，而且不可以口傳送的方式餵動物吃東西，這些基本的衛生管理疏忽不得。

共同飼養時應該注意的事項

要同時飼養好幾隻動物時，必須要避免彼此之間產生壓力，有些動物無法共同飼養，一定要注意。

動物界中存在著「弱肉強食」的規則

自然界中存在著弱肉強食的規則，肉食動物吃草食動物生存。寵物們的身上依然殘存著野生的本能，一旦眼前出現獵物或天敵時，就會加以攻擊。

●同種動物共同飼養

勢力範圍意識較強的黃金鼠，以及個性神經質的花栗鼠，最好要分開飼養。

雪貂、天竺鼠較容易共處一室，可以共同飼養多隻，而兔子、多瓦夫倉鼠也可以共同飼養。不過，如果經常打架互咬，還是分開飼養比較好。

●異種動物共同飼養

肉食動物的雪貂，會像貓、狗一樣吃掉體型較小的草食動物或雜食動物，因此勿和天竺鼠、兔子、倉鼠、花栗鼠共同飼養。

○倉鼠、花栗鼠、兔子或天竺鼠、倉鼠、花栗鼠的組合

草食性的兔子、天竺鼠以及雜食性的花栗鼠、倉鼠不會互相攻擊，但是最好還是置於彼此看不到對方的場所分籠飼養。

天竺鼠和兔子的組合是行不通的，兔子可能會將「支氣管敗血症」這種疾病傳染給天竺鼠（參考128頁）。

×雪貂VS兔子、倉鼠、天竺鼠、花栗鼠的組合

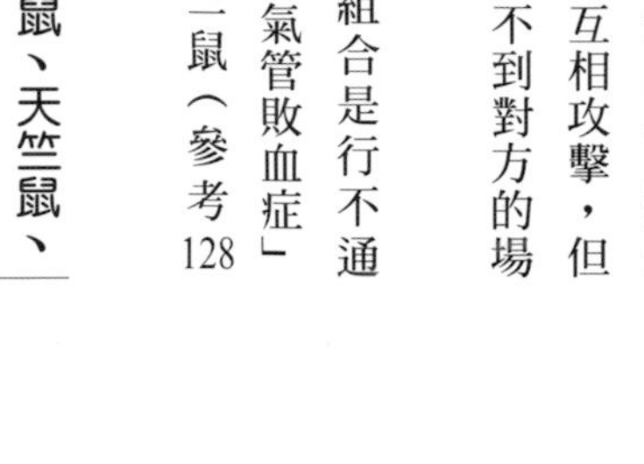

進行適合動物們的溫度・濕度管理

動物們會因爲溫度的驟然改變而導致身體不適，而且也難以抗拒濕度太高的環境。所以要爲動物創造一個溫度・濕度適中的環境。

梅雨、盛夏、隆冬時節要做好溫度和濕度管理

國內冬夏溫差極大，梅雨時節濕度極高。動物們所希望的溫度與濕度各有不同，請參考以下的資料，爲小動物們創造一個舒適的環境吧！

溫度和濕度的管理，可以借助於空調設備。寒冷時，可爲寵物準備保暖器。冬天增加保暖的鋪料，夏天將籠子移到通風涼快處，配合季節做好應變措施。如果將溫度計與濕度計安裝在籠子上，那麼管理起來就更加方便了。

動物們適合的溫度・濕度標準

倉鼠
- 適合飼養的溫度 20～24℃
- 適合飼養的濕度 45～55％
- 重點建議 在5℃以下會呈現有如冬眠般的狀態，冬天要給予保暖器等配備。

兔子
- 適合飼養的溫度 18～24℃
- 適合飼養的濕度 30～50％
- 重點建議 怕熱，在 30℃以上的高溫時容易中暑，夏天要特別注意。

雪貂
- 適合飼養的溫度 15～25℃
- 適合飼養的濕度 45～55％
- 重點建議 汗腺功能不發達，難耐 33℃以上的氣溫，要利用冷氣或電扇等進行溫度管理。

花栗鼠
- 適合飼養的溫度 18～28℃
- 適合飼養的濕度 30～70％
- 重點建議 怕高溫多濕，在溫度過低的狀態下可能會冬眠，要注意。

天竺鼠
- 適合飼養的溫度 18～24℃
- 適合飼養的濕度 40～70％
- 重點建議 怕冷，冬天要做好溫度管理，增加保暖的鋪料。

配合季節變化的照顧重點

小動物們對於季節的變化相當敏感。夏天涼快，冬天溫暖，梅雨時節乾爽，配合季節，花點心思讓小動物們舒適地過日子。

春秋 舒適度佳、適合繁殖的季節

不冷不熱，是能夠舒適過日的季節；活潑好動，食慾旺盛，是適合繁殖的氣節。

●照顧重點

春天是冬毛換夏毛、秋天是夏毛換冬毛的交替季節，尤其是兔子、天竺鼠等長毛種，容易糾結毛球，要經常梳理。

梅雨 要做好濕氣對策、水與飼料的管理

潮濕的梅雨季節是動物難熬的時期，身體難以調適，要特別照顧。此外，食物容易腐敗，要小心食物中毒。

●照顧重點

經常打掃籠子保持清潔，將籠子置於通風良好處或乾燥、稍高的場所，好讓寵物們能夠舒適的度過這個時期。

吃剩的食物（尤其是蔬菜等）容易腐敗，要勤快處理，同時要經常換水。

夏 要特別注意中暑的問題

小動物們是披著毛皮生活，所以很難抵擋暑熱。要花點心思，讓動物們清涼的度過夏天。

●照顧重點

利用冷氣或電扇等進行溫度管理，但是要避免直接吹到風。

將籠子置於陽光直射的窗邊，容易引起中暑，因此要慎重考慮放置籠子的場所。

不可過度依賴冷氣，要花點心思，讓寵物們消消暑。例如可以在籠子內放置貓、狗用的涼墊，或用毛巾裏住冰袋放在籠中，藉著散發出來的涼氣，就會覺得神清氣爽。擔心過度冰涼的話，那麼將冰袋放在上方的鐵絲網上也可以。

即使酷熱，小動物們也無法藉由流汗來調節體溫。因此，絕對不要在豔陽天下帶兔子、雪貂外出散步，以免中暑。

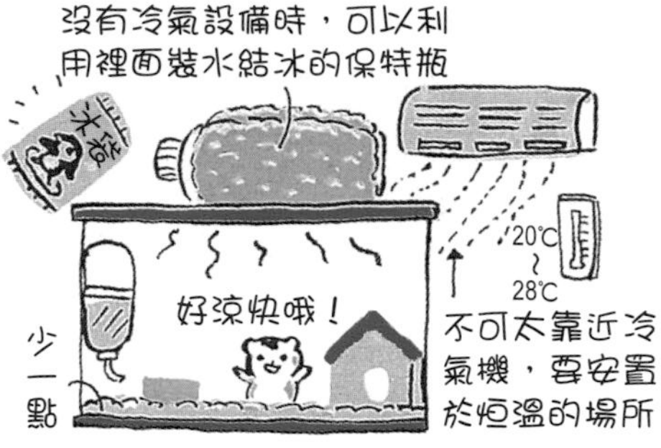

冬 努力保溫避免受寒

原本兔子、天竺鼠、雪貂是耐寒的野生動物，但是成爲寵物之後，失去這種本能。尤其花栗鼠和倉鼠可能會出現冬眠的情況，要做好保暖對策。

●照顧重點

白天使用保暖器，但是如果主人在睡覺前將保暖器的開關關掉，那麼溫度就會驟然下降。

爲避免晝夜溫差太大，晚上最好用毛毯或瓦楞紙蓋住籠子，同時可以增加保暖的牧草等鋪材，也可以在籠子下方放保暖器或電毯等保溫配備。

避免籠子直接面對門口，要移到溫暖的場所。在暖氣房內容易乾燥口渴，要隨時準備足夠的飲用水。

重點

ONE POINT

花栗鼠、倉鼠冬眠該怎麼辦？

當成寵物飼養的花栗鼠和倉鼠不需要冬眠，如果冬眠，可能會停止呼吸或因爲體溫下降過度而死亡。出現冬眠的情形時，要先讓牠們的身體溫暖，然後趕緊就醫。

可以使用保暖器或電毯

在安全舒適的房間裡快樂玩耍

基本上要先決定好動物活動的房間

小動物們和人類的嬰兒一樣，都是好奇寶寶，對於眼前的一切物品都充滿好奇。尤其會去咬電線，甚至吃下有毒植物或香菸、殺蟲劑等引起中毒事件。

事先決定好讓動物自由玩耍的房間，去除一切危險物，請參考以下的檢查重點加以確認。

出籠玩耍前室內的檢查重點

1 門窗是否已經關好？

只要些許的小縫隙，體型較小的倉鼠等小動物就會逃脫。因此在放出籠子之前，要先確認門窗是否已經關上。

2 有機會去咬到電線嗎？

咬電線會有觸電的危險，要如圖所示，花點工夫避免讓小動物們直接咬到電線。

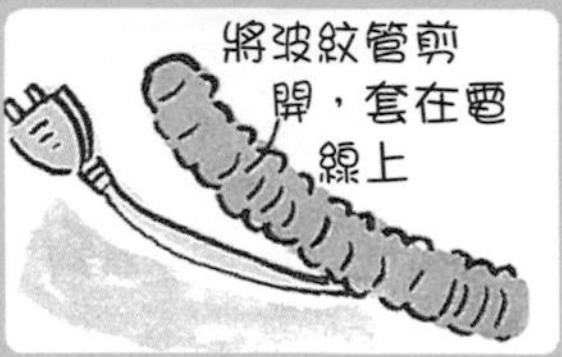
將波紋管剪開，套在電線上

將保特瓶割面，作成ㄈ字型的插座蓋

3 不能夠咬的危險物品是否收拾妥當？

蟑螂屋、蚊香、滅鼠藥、香菸以及觀葉植物等，都有可能引起中毒事件，要收拾妥當。此外，書本也要收好，以免被咬破。

4 傢俱之間的縫隙是否已經堵住？

一旦鑽入壁櫥、電視、音響與牆壁間的縫隙，會造成危險，要利用雜誌或瓦楞紙等堵住縫隙。

用雜誌堵住縫隙

5 房間內是否還有其他的寵物？

避免會傷害小動物的貓、狗進入房間內，對於倉鼠、兔子、天竺鼠、花栗鼠而言，雪貂是天敵。

讓動物們在室內自由的玩耍，有助於消除壓力，但是在放出籠子之前，要先確認室內的安全。

容易踩到牠們，導致骨折或內臟破裂而死，一定要注意。

雪貂

喜歡鑽入夾縫中要看緊牠

身體細長的雪貂，鑽入狹長的細縫中是牠的看家本領，可能鑽入傢俱的縫隙間遲遲不肯出來，或一溜烟的跑進浴室或廁所內不慎溺斃，要小心。

雪貂也喜歡亂咬東西，要注意避免吃下橡皮或塑膠而堵住消化管。

依動物行動範圍的不同來進行檢查

動物有各種不同的行動模式，例如雪貂喜歡窩藏在夾縫中，倉鼠和花栗鼠則喜歡往高處爬。需要注意的檢查重點各有不同，要事先確認。

兔子、天竺鼠

在陽台玩耍時的注意事項

天氣好時，可以讓兔子或天竺鼠在陽台玩，但是可能會越過欄杆鑽出去，因此不要在陽台上放置任何可以當踏墊使用的東西。

此外，也可能會從欄杆間鑽出，因此要如插圖所示，事先安裝鐵絲網加以防範。

倉鼠、花栗鼠

動作靈活不可讓牠脫離你的視線

倉鼠很喜歡散步，爲了解決運動不足的問題，1天要帶牠外出散步幾次。但是倉鼠動作靈活，一下子就會鑽進夾縫中，所以不能夠讓牠離開你的視線範圍。

用黏膠將耐熱網黏在欄杆上，既經濟又實惠。
黏膠
繫繩
安心了

花栗鼠一旦不認生，就可以拿在手上把玩，或放出籠子外活動，但是花栗鼠動作敏捷，喜歡往高處爬，要注意。

倉鼠和花栗鼠體型小，不小心就

保持環境清潔的打掃順序

籠子的清理工作和餵食，都是有關寵物健康的重大事情。每天簡單的清理，1個月要進行1～2次的大掃除。

決定每天的掃除時間

就好像每天決定好餵食的時間一樣，也要固定掃除的時間，如果動物在睡覺或進入窩中時，就暫時不要打掃，等牠醒來離窩後再掃除。

掃除的順序如下。

①收拾掉落在籠子內的食物殘渣或排泄物，更換污穢的鋪料。

②清洗食盆和飲水器，更換新的食物和水。

③窩中若有過期的食物，要清除乾淨。

④清除便盆，留下一些帶有寵物氣味的砂子等。

1週更換1次鋪料與窩料

籠子中的鋪料與窩料，每週要更換1次。

但是木屑或牧草等鋪料容易潮濕悶熱，感覺骯髒時，就要更換保持清潔。梅雨季到夏天，1週要更換2～4次。

更換鋪料與窩料時，要留下一些比較不髒的部分，新舊材料混雜，這樣做保有寵物的氣味，才能夠讓寵物安心。

1個月進行1～2次大掃除 並用水洗淨所有的道具

籠子1個月要大掃除1～2次，梅雨季到夏天更要勤快的清理。

大掃除的順序如下，首先將配備取出，分解籠子，用水洗淨。盡量用滾水或陽光進行消毒。從較大物件開始清洗，就能夠讓動物儘早回籠。

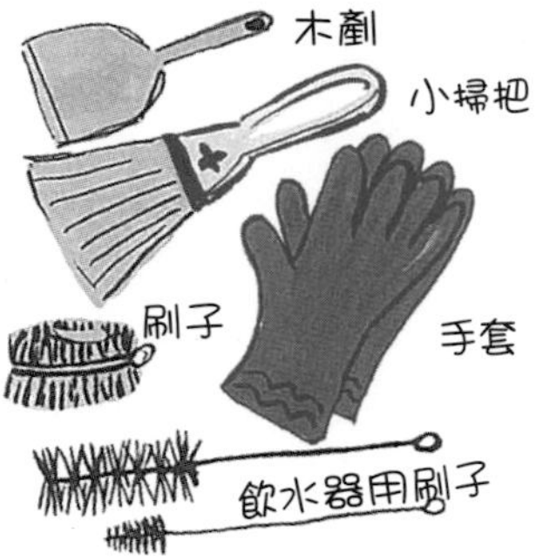

事先準備好寵物專用的打掃用具，例如木劏、小掃把、吸塵器、刷子、橡皮手套等，這樣工作起來就很方便了。

大掃除的順序

將寵物從籠子中移到攜帶用籠子內再打掃，這樣比較不會驚擾寵物。

取出食盆、飲水器、便盆、窩巢等，分解籠子。

先用木劏、小掃把清理後，再用刷子刷洗乾淨。

用水沖洗乾淨，如果是金屬或陶器製品，則用熱水消毒。

擦拭水分，曝晒在陽光下。

晾乾後，放入配備，安裝籠子，讓寵物回籠。

飲食的基本是接近「野生食物」的狀態

動物們在過野生生活時會吃各種東西，了解各種動物的食性後，盡量準備接近野生食物的飼料。

了解野生的食性很重要

你知道野生的倉鼠都吃些什麼嗎？你知道雪貂的祖先一鼬鼠又是以什麼爲主食嗎？這些小動物們當成寵物飼養的時日尚淺，所以寵物專用食品的研究，仍在開發階段中。

目前並沒有真正適合牠們吃的食物，應該要了解這些動物在野生的情況下吃些什麼東西，盡量配合給予野生食物。

野生時所吃的食物

倉鼠 雜食性

吃草根或莖、穀類、野草、果實、皮、昆蟲等所有的食物。

兔子 草食性

吃野草的芽或葉、種子或根、樹皮或果實、蔬菜等植物性食物。

雪貂 肉食性

完全以肉食爲主，吃小鳥、老鼠等小型哺乳類，以及爬蟲類、蛋等。

花栗鼠 雜食性

吃栗子或樹木的果實，以及植物、昆蟲等。

天竺鼠 草食性

吃野草、蔬菜、水果、樹皮或果實等植物性食物。

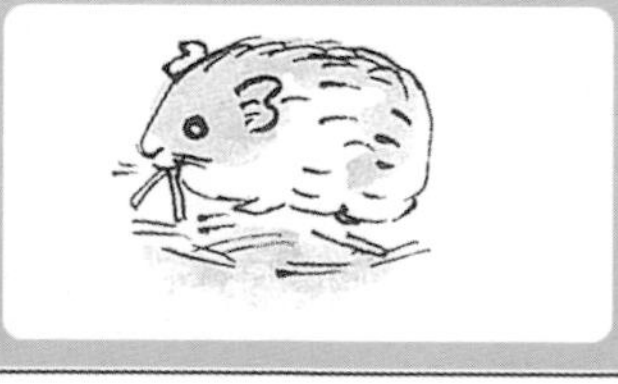

考慮營養均衡來設計菜單

光是給草食動物的兔子吃胡蘿蔔，或只給肉食動物的雪貂吃肉塊，都無法得到均衡的營養。

要給予含有維他命、蛋白質、鈣質等，必要營養素的均衡飲食。

適當的食物能夠防止牙齒過度成長，保護健康

接近自然的飲食，不只是營養均衡，而且能夠調整身體機能。例如兔子以乾草爲主食，就能夠防止牙齒長得太長。

不只是菜單也要注意餵食的方法

不能夠因爲溺愛而不斷的給與食物，否則會導致肥胖。

每一種動物都有適合餵食的時間點，餵食次數也各有不同。要了解各動物的飼養方式，正確的餵食。

零食最好給予水果等自然的食物

在寵物店中，陳列著各種包裝精巧的寵物專用零食，但是動物習慣攝取高熱量、嗜好性較強的零食之後，就不喜歡吃正常的主食了，這也是導致肥胖的一大原因。

最好給予天然的水果等當成點心。

重點 ONE POINT 更換飼料的秘訣

淘汰已經習慣的飼料更換成新飼料，並不是件容易的事情。

例如當兔子習慣於嗜好性較高的乾飼料後，就算乾草對身體很好，想要立刻更換爲以乾草爲主食，恐怕兔子也不肯配合。兔子是對味道非常執著的動物，只給予新的飼料，牠會拒食，結果導致身體狀況不良，甚至餓死。

在更換飼料時要慎重其事。最初少量給予，然後再慢慢的增量。此外，驟然更換飼料，容易吃壞肚子，因此要注意動物的排便量及其狀態。出現下痢或便秘時，絕對不要操之過急，要讓寵物們慢慢的適應新飼料。

每天照顧身體維護健康

梳毛或剪指甲等身體的照顧，有助於早期發現疾病，但是勉強處理會成爲壓力，應該適可而止。

動物的必要照顧各有不同

動物的身體照顧，包括梳毛、剪指甲、洗澡等，但是依動物的不同，必要的照顧也各有不同。

例如身上氣味較強的雪貂，需要定期的爲牠洗澡；而長毛種的兔子，梳毛工作怠忽不得；喜歡自由的花栗鼠，則不需要梳毛和洗澡；天竺鼠的個性膽小，只要最低限度的照顧即可。

梳毛

換毛時期要特別仔細的梳毛

動物們多半會自己梳理毛，但是像兔子、天竺鼠、雪貂、倉鼠等，則要爲牠們梳毛，尤其長毛種的動物更要耐心的梳毛。

以寵物專用梳子順著毛向溫柔的梳理，如果是體型較小的多瓦夫倉鼠，則可以利用軟毛牙刷來梳毛。

洗澡

除了雪貂以外的動物不需要定期洗澡

雪貂是身體氣味較強的動物，所以要定期的爲牠洗澡，詳細方法請參考103頁。

倉鼠、花栗鼠、天竺鼠不需要定期洗澡，勉強洗澡，反而會造成壓力。

剪指甲

要注意指甲的長度來修剪

兔子、倉鼠、雪貂、天竺鼠的指甲一旦太長，就要修剪；至於花栗鼠，則因爲不喜歡被別人碰觸，所以很難爲牠剪指甲。

此外，運動或在籠子內放些具有磨爪功能的木箱，也很有幫助。

自己無法爲牠們剪指甲時，可以求助於寵物美容店或獸醫。

清除眼耳的污垢

用棉花棒或濕毛巾輕輕的擦去污物

看到兔子、倉鼠、雪貂、天竺鼠的眼耳出現污物時，可用棉花棒或擰乾的濕毛巾小心的擦拭。

市面上有販賣雪貂專用的潔耳劑，可加以利用。

去除屁屁的髒污

因爲下痢而弄髒屁屁時要擦洗乾淨

下痢時，會弄髒屁屁周遭的毛，很不衛生，要用溫水把毛巾打濕然後擰乾仔細擦拭乾淨。如果很難完全擦拭乾淨，則可以在動物不抵抗的情況下用溫水沖洗。

量體重

決定測量日定期做記錄

1週測量1次體重，檢查是否突然發胖或消瘦。測量體型小的倉鼠時，可利用廚房用磅秤來測量。上面放空箱子，刻度調到零，將動物放入其中測量體重即可。

有些動物的體重會依季節的變化而有所變動（請參考44～45頁），要注意。

一起外出旅行或獨自留守在家？

有些人希望帶寵物一起去旅行，但陌生的環境會對寵物造成壓力，請三思而後行。

和神經質的動物一起外出時關鍵在於移動的方式

不要急於帶寵物一起外出旅行，可以先帶牠到住家附近活動，裝入攜帶型籠子內一起行動，最近很多飯店都有附設寵物旅館，可以事先預約。

新的環境會讓寵物感到不安，再加上搭乘交通工具的搖晃，容易產生壓力，因此動物們多半不想移動到新環境中。最初不妨使用壓力較少的自用車，等到熟悉交通工具後，再利用捷運、飛機等交通工具帶牠們出遊。

另外，要事先確認小動物的搭乘費用。

夏天、冬天移動時要更加注意

小動物對於溫度的變化相當敏感，因此夏天、冬天的移動要特別小心。

夏天時，盡量讓牠在涼快的時間點移動。在交通工具上，不要讓牠直接對著冷氣的出風口。外出時，用毛巾裹住冰袋等保冷材料，放入攜帶型籠子中，這樣會感到涼快一些。

冬天則要用大毛巾或毛毯蓋住籠子，利用暖暖包來保溫。

將窩料等沾有寵物氣味的東西一起放入，才能讓寵物安心。
暖暖包
冰袋
夏天用冰袋、冬天用暖暖包來調節溫度。

讓牠留守在家2～3天

對於動物們而言，生活在住慣的籠子內並且得到飼主細心的照顧，這是牠最感安心的事。在氣候宜人的春、秋，可以讓牠留守在家2～3天。

與其勉強帶牠外出旅行，還不如讓牠待在留有自己氣味的籠子內看家，這樣反而能夠減少壓力。要讓牠獨自看家，也有一些要注意的事情。

●留守在家時

要在食盆內放數天份不易腐敗的乾飼料或種子等，飲水器中也要注滿水。

擔心溫度與濕度的管理時，可將空調設備一直開著。另外，籠子要擺在通風處。

●利用寵物旅館等

除了專門的寵物旅館之外，最近很多寵物店或動物醫院也接受寵物寄放。

因爲規模和品質不一，不要只用電話預約，要實地參觀加以比較。如果寄放處的附近擺放關有貓、狗等的籠子，則叫聲和氣味會給寵物造成壓力，要仔細評估。

●委託寵物保母照顧

也可以請求保母前來家中代爲照料。這時，動物居住的環境不變是一大優點。

但因爲必須要把家中的鑰匙交給對方，所以要委託值得信賴的人。

●委託親朋好友照顧

請喜歡動物的親朋好友照顧，也是一個方法。如果對方也飼養相同的動物，那就更令人安心了。但僅止於最基本的照顧，千萬不要造成他人的負擔。

雖然動物種類相同，不過仍有個別差異，要將寵物平日所吃的飼料及飼養情況，詳細的告訴對方。

「肥胖」是健康的大敵

整天待在籠中的寵物們，容易因爲肥胖而引起疾病，想要幫寵物創造健康的身體，就要過著預防肥胖的生活。

肥胖容易引起的疾病

動物在過著野生生活時，會到處奔走找尋營養均衡的天然食物，但是被人類當成寵物飼養後，每天都攝取營養豐富、美味的食物，同時因爲運動不足，結果造成肥胖。

人類的情況也是相同，肥胖是引起各種疾病的關鍵，例如皮膚病、肝病、心臟病、糖尿病等，都與肥胖有關。母的寵物一旦過胖，有時甚至無法生育。

檢查是否過胖的重點

1 外觀上看起來體型渾圓

依動物的不同，體型當然有所差異，不過只要細心觀察，就會發現是否變得渾圓。站立時如果腹部碰地，就可以立刻斷定是過胖。

2 腹部和胸部的毛變稀疏了

一旦肥胖後，附著脂肪的腹部和胸部會因爲摩擦而掉毛，使毛變得稀疏，同時也會出現搔癢。

3 四肢根部鬆弛

脂肪附著過多時，四肢的根部會變得鬆弛，鬆弛的部分會發癢。

4 毛色富於光澤

攝取富含脂肪的飼料，會使毛色變得光鮮亮麗。

5 以前能做的事現在卻無能爲力了

以兔子爲例，臉如果碰不到臀部，就是變胖的證明。另外，經常出現跌跤或動作笨拙時，都是肥胖的信號。

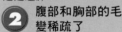

也要考慮不同品種的體型差異

肥胖是指身體附著多餘脂肪的狀態。動物的體型依品種的不同而有不同，不能光憑外觀來判斷是否肥胖。

以兔子爲例，垂耳兔的體型多半矮胖；相反的，比利時野兔則十分苗條。要考慮各種體型來判斷肥胖與否。

平常就要仔細觀察體型，是否突然變胖。

花栗鼠、倉鼠、雪貂的體重會因季節的不同而產生變化

野生時會冬眠的花栗鼠、倉鼠，以及季節性繁殖動物雪貂，其體重會因季節的不同而產生變化。

花栗鼠、倉鼠到了秋天時，爲了度過寒冬，身體內會蓄積脂肪，而雪貂的體重在夏天略減、冬天略增，尤其公的雪貂體重變動較大，甚至增加爲1.5倍。

肥胖時不要勉強減肥

寵物太胖時需要減肥，但是不可勉強，否則會喪失體力引起疾病。要先和獸醫協商，進行正確的減肥方法。

●目標定在1個月後

爲了讓寵物減肥而驟然減少食量，會使寵物的體力衰退，要以1個月爲目標，自然的進行減肥。

●重新檢討飼料或零食

肥胖多半是飲食造成的，是否給予高熱量的種子類？還是給予太多的零食？要認眞檢討這些問題。

●讓寵物多運動

稍微延長出籠活動的時間。如果是飼養倉鼠，則可以在籠子內安置滾輪，爲牠打造一個能夠快樂運動的環境。

●固定每天量體重的時間

飯前、飯後皆可，每天在固定好的時間內量體重，並加以記錄。

讓寵物長壽的照顧重點

雖然想要和寵物一直生活下去，但是小動物在幾年內就開始老化了。不過只要細心的照顧，牠們也可以延年益壽。

很快就進入高齡的小動物們

「高齡」是指不具繁殖力或繁殖力降低的時期。倉鼠在1.5歲、天竺鼠3～4歲、花栗鼠4～5歲、兔子或雪貂在5歲左右，就會開始迎向老化。

但是迎向高齡之後，只要注意飲食營養的均衡並調整飼養環境，也一樣能夠充滿元氣而延年益壽。壽命只有2～3年的倉鼠，也有可能活到8歲。

高齡之後容易罹患的疾病

上了年紀之後，因爲體力衰退，免疫力減弱，容易生病。

尤其皮膚病、肝病、生殖系統的疾病或心臟病等，會隨著年齡的增長而增加，即使很有活力，也要定期接受健康檢查。

高齡動物一旦生病，則有致命之虞，首先要避免生病。萬一生病，也不能因爲高齡而放棄治療。

老化的徵兆

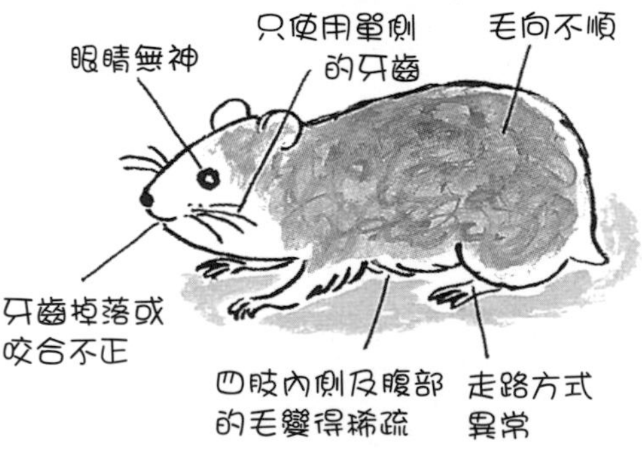

讓動物長壽的重點

對於高齡動物而言，擁有一個清潔、能夠安心生活的環境和營養均衡的飲食，是不可或缺的。

突然改變安置籠子的場所，或是突然承受溫度的強烈變化，會使動物的身體狀況失調，最好不要輕易改變長年已經習慣的生活環境。

①籠子

與年輕時期相比，動作變得遲鈍，身體的柔軟度欠佳，要增加保溫的鋪料，讓牠過得更舒適一些。此外，如果倉鼠的籠子內有放置滾輪玩具，這時也要將其取出。

如果雪貂原本是住二樓層的房子，現在則要去除階梯，改成平房。同時要做好防風、保溫對策，讓動物們悠閒的在籠子內安享晚年。

②食物

要給予營養均衡的飼料，基本上要攝取低熱量、高維他命，及含有豐富礦物質的飼料。

兔子、天竺鼠要攝取高纖維食物，雪貂需要低蛋白食物，花栗鼠要少吃高熱量的種子類，倉鼠則以乾飼料和蔬菜爲主。蔬菜中含有纖維和維他命，對身體很有幫助，而含有蛋白質和脂肪的食物則要減少攝取量。

牙齒功能欠佳的動物，不宜給予飼料，但是只給予柔軟的蔬菜又會造成營養失調。這時，可將飼料用水泡軟後再餵食，也可以將水果切碎後再給動物吃。總之，要在菜單上下點工夫。

將切成適當大小的新鮮蔬菜餵予倉鼠、兔子、天竺鼠

製作觀察日記有助於健康管理

記錄每天的成長和身體狀況的日記

動物們不會說話，也不會將感情表現在臉部表情上。

但仔細觀察後，就會發現各種動作就是表情。

只要每天細心觀察，就會發現些許的身體變化。將健康檢查納入日記項目中，有助於儘早發現動物的疾病。

參考以下的樣本，決定好每天記錄的時間，製作寵物專屬的健康日記。

製作記錄動物情況的日記，就能夠掌握動物每天成長的情況。不妨貼上照片或插畫，就能夠成為賞心悅目的日記。

觀察日記

「今天的　　〇〇」

- 日期
- 天氣・溫度・濕度
- 今天發生的事

【健康檢查】

飼料的種類與份量

食慾	有	不佳	不吃
體重		g	
眼睛	正常	異常	※出現眼屎、多淚等
耳	正常	異常	※糜爛、發臭等
鼻	正常	異常	※流鼻水、氣息不順等
牙齒・口腔	正常	異常	※流口水、牙齒太長等
屁股周圍	正常	異常	※被排泄物弄髒、出血等
皮膚・毛	正常	異常	※掉毛、出現皮屑與硬塊等
手指・腳趾・指甲	正常	異常	※跛腳步行、指甲太長等
排尿	正常	異常	※尿量太多、太少或排尿障礙等
排便	正常	異常	※量少、較小、有寄生蟲等
行動	正常	異常	※無精打采、情緒不穩定、一直睡覺等

其他

2

和倉鼠一起生活吧！

生手也能夠輕鬆飼養的超人氣小寵物

在小寵物中，體型渾圓、大眼睛的倉鼠人氣扶搖直上。倉鼠容易照顧，適合生手飼養。

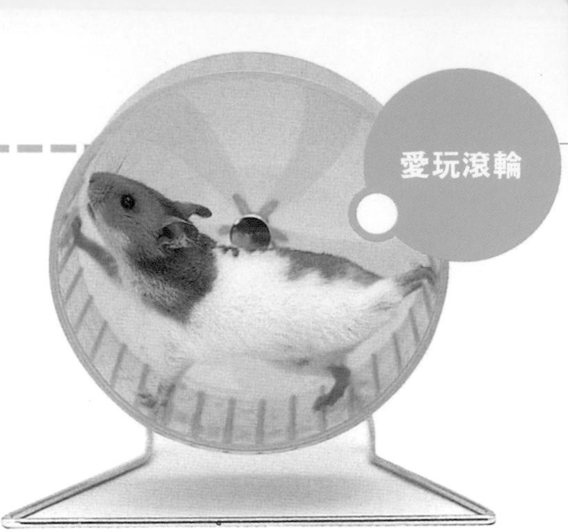

愛運動的倉鼠，藉著不斷的玩滾輪就能夠消除壓力。

使用靈活的前肢吃東西

可愛的表情和俏皮動作是魅力所在

倉鼠最大的魅力，就在於其可愛的表情和俏皮的動作。使用前肢抓東西以及後肢挺立偵查四面八方的模樣，讓人忍不住佇足觀賞，莞爾一笑，可愛極了。

尤其用像人類的手一般靈巧的前肢，吃著蔬菜和果實的姿態，讓人百看不厭。

體型小不占空間

倉鼠最大也不超過20公分，尤其小型的多瓦夫倉鼠，體長只有10公分左右，只要利用寬30公分、深30公分、高20公分的水箱來飼養就綽綽有餘了。不過倉鼠熱愛運動，1天至少要放出來活動1次。

頻頻整理被毛

愛漂亮的倉鼠，經常整理自己的被毛，不過偶爾還是得幫牠梳理一下。

喜歡鑽進夾縫中

倉鼠具有鑽進夾縫中的本領，尤其愛玩連接管遊戲。

熟識後就可以放在手上把玩

慢慢的和牠培養感情，等到不認生以後，就可以直接用手餵食或放在手上把玩。

夜行性動物
是白天忙碌的你的最佳夥伴

對於白天忙於工作或上學的人而言，夜行性的倉鼠是飼養寵物的最佳選擇。倉鼠從傍晚以後才開始展現行動，飼主只要傍晚回家後再進行餵食與清理的工作即可。

容易養在公寓內
氣味少

飼養寵物比較令人在意的，就是叫聲與氣味的問題。倉鼠幾乎不會發出叫聲，而且只要正常清理，就不必擔心氣味的問題，即使養在公寓內也不會給鄰居造成困擾。

黃金鼠和多瓦夫倉鼠任君挑選

倉鼠的種類繁多，想當成寵物飼養時，建議選擇以下4種。要先了解倉鼠的個性後再做選擇。

生手最好飼養容易與人類打成一片的黃金鼠或加卡利亞鼠

受人歡迎的倉鼠有黃金鼠和小型的多瓦夫倉鼠2種，多瓦夫倉鼠又包括加卡利亞鼠（三線鼠）、坎培爾鼠（一線鼠）、羅伯羅夫斯基鼠（老公公鼠）這3種。

容易和人類打成一片的是黃金鼠和加卡利亞鼠，生手不妨考慮飼養這2種。羅伯羅夫斯基鼠的動作快速，與其硬要與牠玩，還不如抱持觀賞的心情與牠相處即可。坎培爾鼠較有個性，不過只要從小飼養，也會與人親近。

但是就好像人類有不同的性格一樣，倉鼠的個性也因鼠而異。例如有的羅伯羅夫斯基鼠可以與人類和平共處，而有的加卡利亞鼠則無法親近人類。

加卡利亞銀鑽（小雪）
擁有雪白的毛色，耳朵和鼻子則是討人喜愛的粉紅色。與白子倉鼠不同，眼睛爲黑色。

乳牛鼠
黑白混雜的毛色，不禁讓人與荷蘭乳牛聯想在一起。

黃金鼠

個性溫馴，容易親近人類，是大型倉鼠之一，身體可以成長到 20 公分，體重將近200公克。有長毛、短毛之分，長毛種的性格比較溫馴。

DATA

- 原產地　敘利亞、黎巴嫩、以色列
- 體長　公約 18 公分　母約 19 公分
- 體重　公約 85～130 公克　母約 95～150 公克
- 親近指數　容易親近人類，可以放在手上把玩
- 共同飼養指數　領域意識強烈，難以共同飼養

三色毛
如三色貓一樣，毛色由黑、白、褐色這 3 色混合而成。

黑毛
全身毛色與眼睛幾乎都是黑色的，只有鼻子周圍和四肢的前端爲粉紅色。

雙色毛
黃金鼠的代表毛色，擁有這 2 種毛色的品種稱爲普通種。

金熊倉鼠
全身黃色，只有耳朵背面爲黑色，黑眼睛。

多瓦夫倉鼠
～加卡利亞鼠～

個性隨和，容易照顧，適合生手飼養，也能夠共同飼養，但是最好還是從出生後就共同飼養。除了灰色毛之外，還有其他各種毛色。

藍毛三線
略帶藍色的淡灰色毛色，黑眼睛、腹部周遭有白毛。

普通種
野生種加卡利亞鼠的毛色，全身爲灰色，背部有黑色條紋、黑眼睛。

DATA
- 原產地　阿富汗東部到西伯利亞西南部
- 體長　公約 7～12 公分　母約 6～11 公分
- 體重　公約 35～45 公克　母約 30～40 公克
- 親近指數　個性溫和，易與人共處
- 共同飼養指數　可以養一對或共同飼養，但個性不合時最好分籠飼養

多瓦夫倉鼠
～坎培爾鼠～

體型比加卡利亞鼠略大一些，個性倔強會咬人，但是如果從一出生就開始飼養，則可以與人類和平相處。毛色與花紋多樣化，令人賞心悅目。一般的毛色爲灰色，背部有黑色條紋。

皮卡丘（琥珀）
毛色爲明亮的黃褐色。眼睛如紅酒般的鮮紅。

普通種
整體而言是略帶褐色的灰色毛，背部有黑色條紋、黑眼睛。

DATA
- 原產地　貝加爾湖東部、蒙古、中國北部
- 體長　公約 7～12 公分　母約 6～11 公分
- 體重　公約 35～45 公克　母約 30～40 公克
- 親近指數　個性倔強，但是從小就開始飼養，則人鼠和樂融融
- 共同飼養指數　雖然可以共同飼養，但是個性彆扭的倉鼠可能會互咬，這時就要分籠飼養

多瓦夫倉鼠
～羅伯羅夫斯基鼠～

是體型最小的一種寵物倉鼠。身手敏捷，一對大眼討人喜愛，個性膽小，很難與人類建立親密關係。只有單一毛色，一般人是站在觀賞的角度來飼養。

DATA
- 原產地　阿富汗、蒙古西南部、中國北部
- 體長　公母皆爲 7～10 公分
- 體重　公母皆爲 15～30 公克
- 親近指數　與其勉強與牠玩，還不如以觀賞爲樂
- 共同飼養指數　可以共同飼養，但是繁殖不易

上半身爲黃褐色，下半身爲白色，眼睛上方爲白色、黑眼睛。

黑毛
全身布滿黑色的毛，只有四肢和口唇爲粉紅色、黑眼睛。

珍珠
正如其名，毛色如珍珠般雪白光亮，背部有黑色條紋、黑眼睛。

布丁
擁有如布丁顏色般的茶褐色毛色，背部有褐色條紋。

白子
色素較少的品種稱爲「白子」，全身爲白色，眼睛爲紅色。

塊斑
有黑白或黃白塊斑等品種。

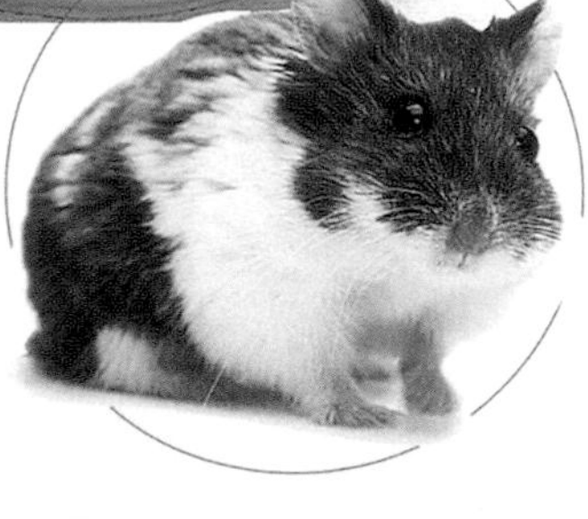

靈活的前肢和鼓脹的頰囊爲其特徵

野生時在地下挖洞生活的倉鼠，身體能夠適應地下生活，令人驚嘆。鼓脹的頰囊以及靈活的前肢是其令人驚豔的標誌。

臭腺

黃金鼠的臭腺在背部左右以及側腹兩處，多瓦夫倉鼠則是腹部和口的兩側有臭腺。分泌液從這裡吐出，散發氣味，用來顯示領域性或吸引異性。

尾巴

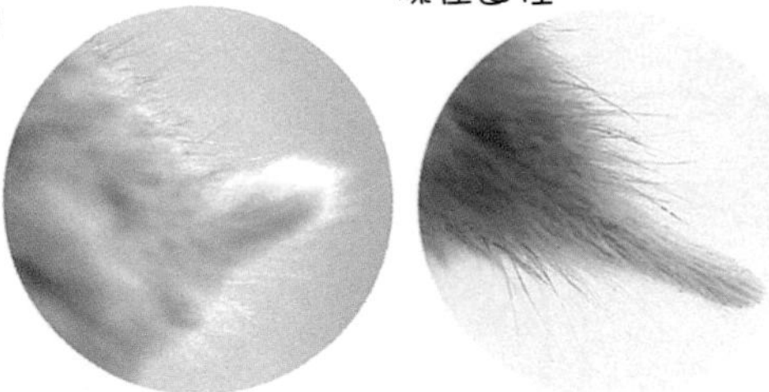

因爲不在樹上生活，所以不必靠尾巴來取得身體的平衡，爲短尾品種，多瓦夫倉鼠的尾巴內側會長毛。（左爲多瓦夫倉鼠、右爲黃金鼠）

後肢

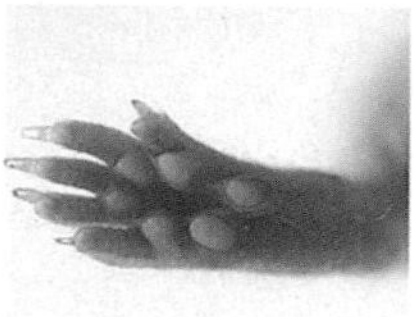

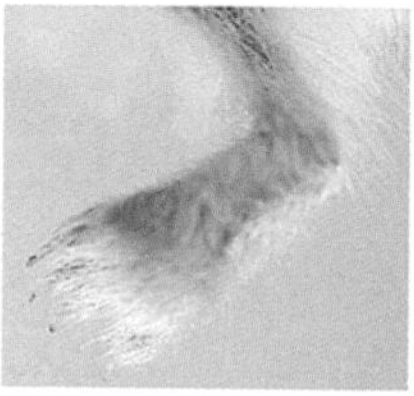

有 5 趾，比前肢大，可以筆直站立。黃金鼠的腳底不會長毛（上圖），多瓦夫倉鼠的腳底會長毛（下圖）。

公與母的分辨法

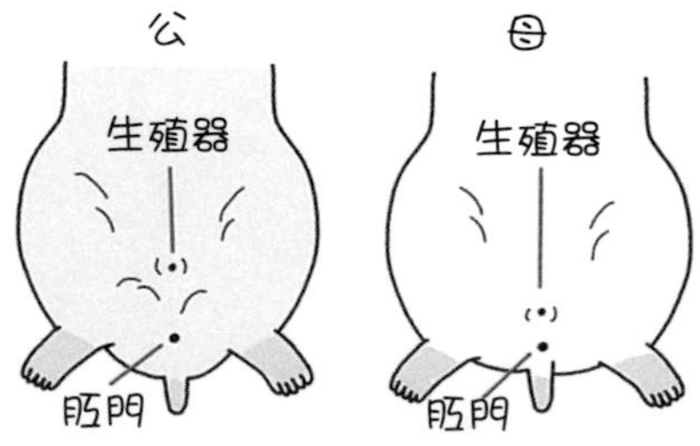

公鼠的生殖器與肛門之間的距離大於母鼠。長大後，公鼠的睪丸變大，明顯的出現在臀部下方，藉此可加以區別。

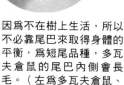

眼睛

因爲是夜行性，所以能夠看到黑暗處的東西。不過因爲是近視眼，所以無法分辨顏色，眼睛有黑色、紅色、葡萄色。

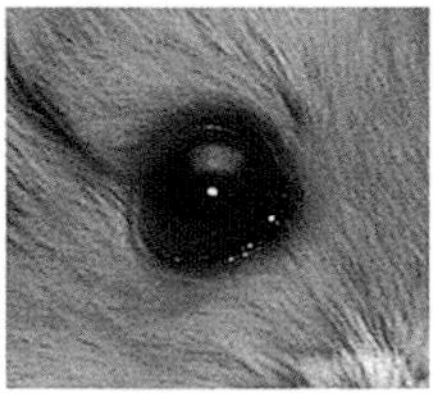

耳朵

聽力發達，能夠聽到人類聽不到的超聲波或高頻，野生的倉鼠會利用超聲波與同伴聯絡。

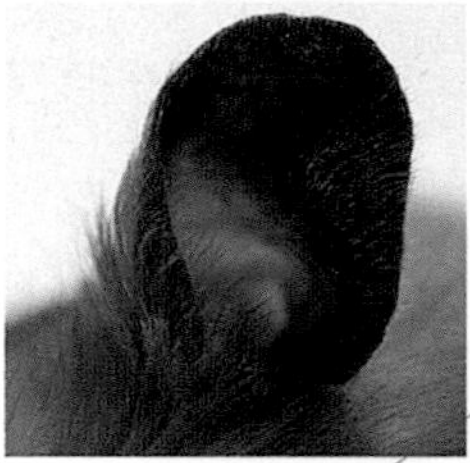

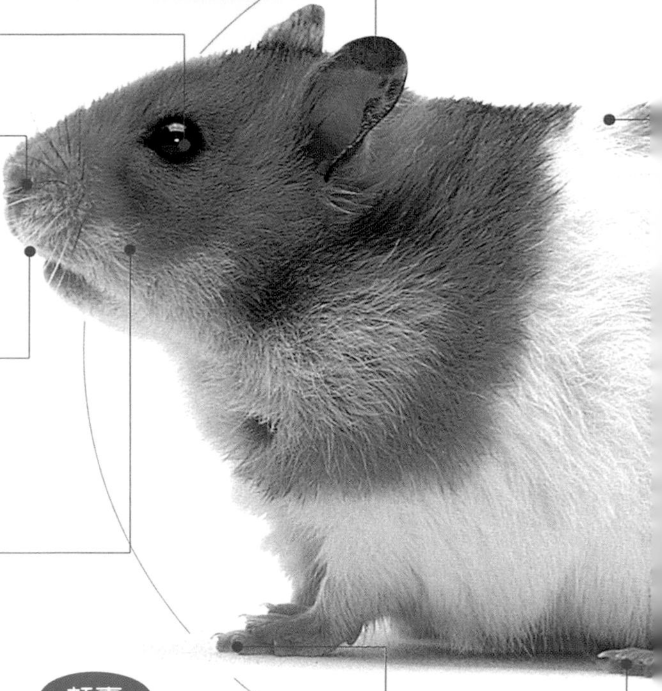

鼻子

經常抽動著鼻子，對氣味十分敏感，能夠嗅出敵我的氣味或找尋食物，公鼠可以藉此捕捉到母鼠的訊息。

牙齒

有16顆牙齒，是人類的一半。上下門齒會終生成長，通常牙齒附著黃色色素而泛黃。

鬍鬚

具有如天線般的作用，能夠偵查周遭的情況。耳朵和鼻子也很靈敏，藉此彌補較弱的視力。

頰囊

位於耳後，用以貯藏食物，同時也可以用來運送築窩材料。由具有伸展性的細胞所形成，能夠延展到足以讓臉部變形的地步。

前肢

有4趾，利用鉤爪來挖洞，靈巧的前肢能夠抓取東西和洗臉。

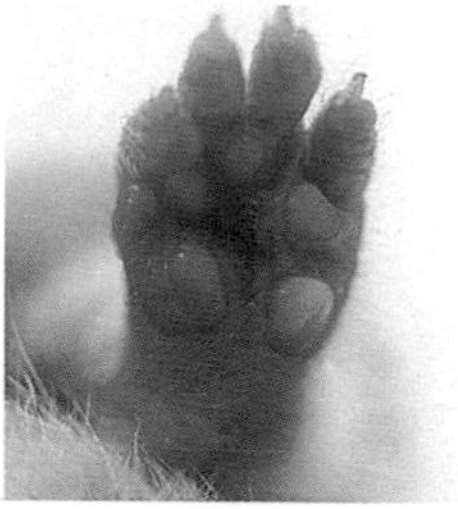

身體 DATA

- 體溫　36.2～37.5度
- 呼吸數　100～250次／分
- 心搏數　300～600下／分
- 壽命　2～3年

了解特徵後再決定要選擇水箱或鐵籠

倉鼠用的物品種類豐富，但不能只憑外觀來做選擇，要愼選眞正適用的配備。

首先要了解成爲住家的籠子種類與特徵

倉鼠的住家分爲水箱與鐵籠兩種。鐵籠通風良好，容易清理，但是容易發生夾住四肢等意外事故。

水箱雖然較不容易發生意外事故，而且保溫性佳，但夏天時濕度較高，要考慮各自的優缺點來加以選擇。

倉鼠活潑好動，要放置能夠讓牠自由活動的塑膠盒當成鼠窩。

親手製作鼠窩與玩具

決定好籠子後，就可放入各種配備，不一定要買新的，可以使用替代品。

例如利用衛生紙盒製作鼠窩，以滾筒式衛生紙的捲芯製作玩具，花點巧思來設計。

要有這些配備！飼養配備一覽表

- 水箱或鐵籠
- 攜帶型籠子
- 食盆
- 飲水器（瓶子型）
- 鼠窩
- 鋪料（牧草或木屑等）
- 便盆
- 玩具（滾輪等）
- 樹枝（磨牙以避免牙齒長得太長）
- 溫度計、濕度計
- 保暖器

使用鐵籠時，爲避免腳爪鉤到底部，因此要在底部鋪上墊料。

水箱飼養的配備

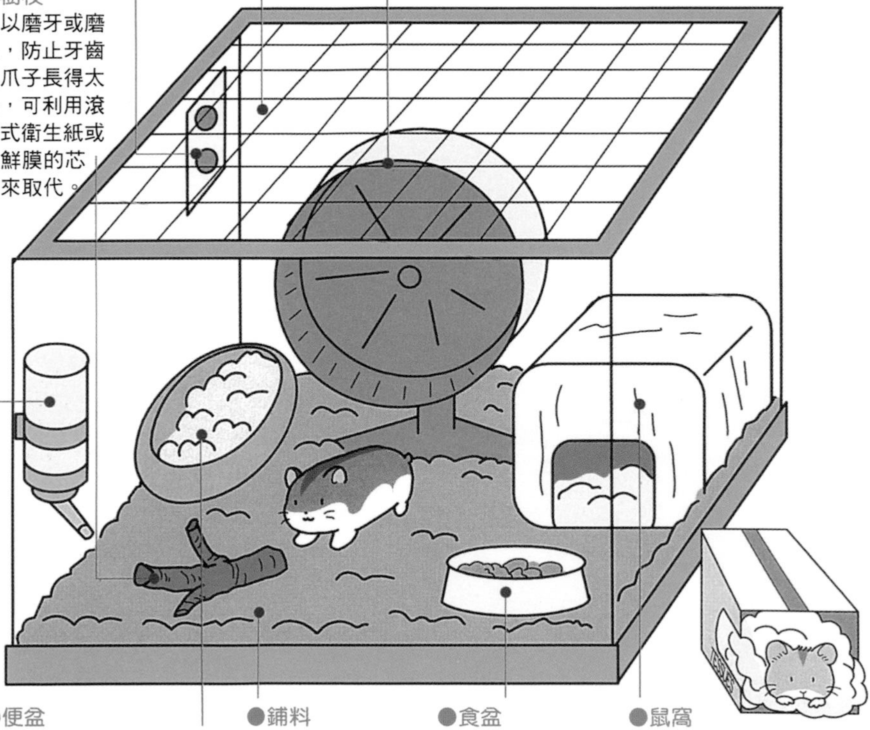

●溫度計、濕度計
倉鼠對於溫度、濕度的變化十分敏感，最好將這些配備安裝在倉鼠咬不到的位置。

●蓋子
為避免倉鼠逃脫，最好上面罩上通氣性較佳的鐵絲網蓋。

●滾輪
有助於解決壓力與運動不足的問題。選擇體型較小的多瓦夫倉鼠專用滾輪，滾輪上最好黏貼厚紙等，以防止腳被夾在縫隙間。

●樹枝
用以磨牙或磨爪，防止牙齒或爪子長得太長，可利用滾筒式衛生紙或保鮮膜的芯棒來取代。

●便盆
放在與鼠窩相反側的邊緣處，裡面加入砂子，就可以解決氣味的問題。不要使用遇水就會凝固的砂子，以防倉鼠吃進口中而造成危險。

●鋪料
多瓦夫倉鼠要鋪5～10公分，黃金鼠則要鋪10公分以上的厚度。

●食盆
選擇穩定性佳的陶製品，也可以利用大的瓶蓋或餵鳥用的食盆來取代。

●鼠窩
木製的鼠窩能夠防止牙齒生長過長，裡面要放足夠的鋪料。如果是飼養黃金鼠，則可以使用空的衛生紙盒，多瓦夫倉鼠則可使用滾筒式衛生紙的捲芯來替代。

●飲水器
使用瓶狀的飲水器，以免水打翻沾污了籠子，安裝在倉鼠站立時能夠喝到水的高度。

理想的鐵籠面積

- **黃金鼠：** 寬 35×深 65 公分較為理想，至少要 30×30 公分，高為 20 公分以上。
- **多瓦夫倉鼠：** 飼養 1 隻時，寬 35×深 25×高 20 公分；飼養 1 對時，則需要寬 40×深 40×高 25 公分。

攝取以飼料和蔬菜爲主的均衡飲食

倉鼠是雜食性動物，要以飼料爲主，均衡的攝取多種食物，避免因爲進食太多而造成肥胖。

傍晚給予新鮮食物

野生倉鼠會吃草的葉子、根、莖和穀類、昆蟲等各種食物來獲得營養，認爲「倉鼠只要吃葵瓜子和喝水就夠了」，這是錯誤的想法，應該要以飼料爲主食，攝取營養均衡的飲食。

倉鼠是夜行性動物，會在傍晚開始進食，所以每天傍晚要更換新的飼料或水果等，吃剩的食物則在夜晚或第二天早晨丟棄，較不容易腐敗的飼料可以隨時盛裝在食盆內，但1天要更換1次。

蔬菜・水果　洗淨去除水分，切成易吃的大小後再給予。水果中含有很多糖分，不能給予太多。

胡蘿蔔、甘藷、高麗菜、南瓜、綠花椰菜、青江菜、小油菜、白蘿蔔葉、玉米等

蘋果、哈蜜瓜、葡萄、草莓、香蕉、鳳梨等

種子類

葵瓜子、花生、杏仁、核桃、開心果等種子類都是高熱量食品，不可給予太多。鴿子飼料、小鳥用帶皮飼料營養均衡，可以餵食。

野草・牧草

繁縷、蒲公英葉、苜蓿、薺菜、車前草等有些野草沾有農藥，要洗乾淨後再餵食。牧草有助於健康，可將牧草和貓尾草混合後餵食倉鼠。

維他命・礦物質劑

身體狀況欠佳、懷孕或進入高齡的倉鼠，有時要給予維他命劑與礦物質劑，有液態、固態等各種形態，可向動物醫院或寵物商店購買。

少量給予水果或種子等當零食

給予過多的零食會導致肥胖或內臟疾病，像葵瓜子、水果、專用點心等，每週2～3次少量給予即可。人類的零食含有過高的糖分和鹽分，不可用來餵食倉鼠。

1天的菜單

1天的食物量爲體重的5～10％，可以參考菜單，每天爲倉鼠提供新鮮的食物。很少喝水的倉鼠，只要攝取新鮮蔬菜就可以補充水分，不用擔心。

黃金鼠

- 飼料　10～15公克
- 水　約10毫升

還要添加蔬果、動物性蛋白質等

小魚乾少許　胡蘿蔔少許　優格1～2小匙

多瓦夫倉鼠

- 飼料　3～4公克
- 水　約5毫升

還要添加蔬果、動物性蛋白質等

小油菜1片
葵瓜子數顆

※餵食多瓦夫倉鼠時，飼料要先碾碎後再給予，也可以裝在袋中用研磨棒敲碎成易吃的大小

（註）每隻倉鼠的食量都不同，這裡所介紹的量只是大致的標準。

倉鼠能夠吃的食物

主食 飼料

包括混合堅果飼料與乾飼料等。混合型容易腐敗，有些摻有合成添加物，要盡量選擇沒有添加物的食品。

營養成分的標準

粗蛋白	16％以上
粗脂肪	3％左右
粗纖維	5％左右

副食 動物性蛋白質

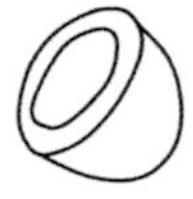

水煮蛋白

小魚乾

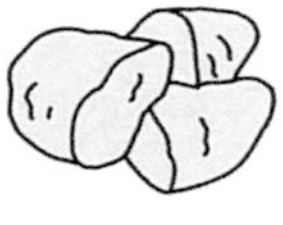

熟雞肉

起司球

優格

豆腐

小動物專用奶粉

也可以給予貓食或狗食，喜歡紅蟲等活餌，每隔2～3天少量餵食。

重點～ ONE POINT

這些食物要注意！

食用洋蔥、長蔥、酪梨後，會引起肝腎方面的毛病，要避免餵食。另外，大量攝取蘋果子、梅子、桃子、枇杷、櫻桃、橡子等，也會引起中毒事件，要注意。

花點時間慢慢的培養感情

倉鼠是很神經質的動物，一旦拉近關係後，就可以放在手上把玩。千萬別操之過急，要慢慢的增進情誼。

雙手溫柔的捧著

要了解倉鼠不喜歡被碰觸的個性，溫柔的對待牠。

倉鼠的體型較小，過度熱情的擁抱反而會使牠受傷，要先用雙手溫柔的捧著牠的身體，待牠心情平靜下來之後，再用手指從背部到腋下的部分將其輕輕抬起，要注意保持後肢的穩定。

倉鼠的正確捧法

認生的話，放入杯內把玩比較安全

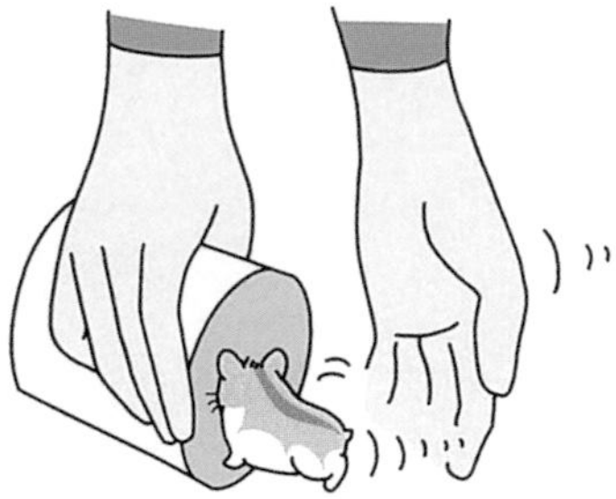

無法捧在手上時，可以把牠裝進塑膠杯中再和牠玩。

重點 ONE POINT

這些行爲絕對禁止！

倉鼠在野生世界擁有無數的天敵，如果突然從上面或後方伸出魔爪，則會驚嚇到牠。因此要讓倉鼠看到你的動作，從正前方把手伸過去。此外，不要觸摸牠那敏感的腹部，也不可以捏牠的耳朵和尾巴。

熟識後就可以放在手上把玩

彼此混熟後，就可以將倉鼠放在手上把玩。但與黃金鼠和加卡利亞鼠相比，坎培爾倉鼠或羅伯羅夫斯基倉鼠比較神經質，要放在手上把玩並不容易，而且每隻倉鼠的個性也不盡相同，並非所有的倉鼠都能夠任君把玩。

倉鼠是夜行性動物，最好利用傍晚以後的時間和牠培養感情。

把倉鼠捧在手心把玩的步驟

首先將飼料放在手上餵食，讓牠記住你的氣味。如果飼養坎培爾倉鼠或羅伯羅夫斯基倉鼠，就得花較長的時間才能夠讓牠放心的吃你手中的飼料，要耐心挑戰哦！

等到牠肯吃你手中的飼料後，就可以輕輕的將手伸進籠中，如果倉鼠跳過來爬到你的手上，那麼你就成功了。

一旦熟悉你的手之後，就可以用雙手捧住牠。只要不怕生，牠就會不停的聞你手上的氣味。此時，千萬不要猛然移動你的手，以免讓牠受到驚嚇。

1天散步30分鐘

倉鼠熱愛運動，雖然玩滾輪是很好的運動，但是每天仍然要讓牠出籠散步30分鐘。所謂的散步，就是讓牠自由活動。

放出籠外活動時，爲避免牠脫逃或受傷，要事先確認室內的安全（參考34～35頁）。

隨時隨地都會打造「別墅」要注意

倉鼠在室內活動稍不注意就會不見蹤影，遍尋整個屋內，會發現牠已經在衣櫥、電視、桌子後方等處收集大量的衛生紙、紙片，打造自己的「別墅」。打造別墅本身當然不是壞事，但如果用來貯藏食物，那就很不衛生了。要隨時檢查，丟掉腐敗的食物。

首先向廁所訓練挑戰

倉鼠多半會在固定的場所便溺，可利用這種習性加以訓練，但這種習性也依倉鼠的不同而有差異，不可勉強。

勉強就會成爲壓力

野生倉鼠在鼠窩中，會選擇離睡床最遠的地方上廁所，一旦選定地點後，就會固定在該處上廁所。寵物倉鼠還殘留著這種習性，有些也會記住廁所的位置。

倉鼠會憑藉氣味記住廁所的地點，可將沾有尿液氣味的窩料或砂子置於廁所處。一般而言，黃金鼠比多瓦夫倉鼠更容易記住廁所的地點，但這也因個體而異，不可强求。

不一定每次都在廁所排便

倉鼠即使知道廁所的位置，也不會在廁所排便。而且就算知道廁所的位置，也不見得每次都乖乖的在廁所便溺。

這時也不要怪牠，還是耐心的爲牠清理排泄物吧！

利用牛奶盒製作廁所，髒污後就直接丟棄，省得清理。

重點 ONE POINT

利用糞便掌握健康狀態

身體健康時，糞便呈茶褐色的顆粒便，消化不良時則爲綠色或黃色便。排出灰色便，就表示消化管內出血；出現紅色便，則表示血便或生殖器出血。擔心的話，不妨趕緊去看獸醫。

對於建立肌膚之親與健康管理有所幫助的照顧

梳毛等身體的照顧，有助於培養親密的情誼，同時也能掌握健康情況，每天梳毛能發現些許的變化。

每天簡單的清理讓倉鼠擁有乾淨的家

對於倉鼠的健康而言，清潔的環境是不可或缺的。污穢不堪的籠子是生病的原因，因此每天要簡單的清理，要保持便盆、飲水器、食盆的清潔，更換窩料。雖然不必每天更換鋪料，但是在梅雨季到夏天時，1週要更換2～4次。

同時，1個月進行1～2次大掃除，卸下籠子內一切的配備，仔細的清理（參考36～37頁）。

梳毛並檢查皮膚狀況

倉鼠自己會整理毛，但是偶爾還是要爲牠服務一下。

尤其是長毛種，更是要好好的梳理。多瓦夫倉鼠的體型較小，可以利用軟毛牙刷來梳理。

順著毛向輕輕移動刷子梳理

爲避免指甲生長過長要採取預防對策

野生時，指甲沒有過長的問題。但是當成寵物飼養時，因爲運動不足等原因，指甲可能過長。

要爲小的倉鼠剪指甲並不容易，可請獸醫代爲處理。

另外，選擇較大的籠子，讓牠有足夠的運動空間，也能避免指甲長得過長。

繁殖力強 一胎可以多產

繁殖力強的倉鼠，一胎可以多產，要先考慮清楚飼養的問題，再決定要不要讓牠繁殖後代。

避免盛夏、隆冬時節交配繁殖

倉鼠的發情要具備如下的條件。

- 到達發情的月齡（出生後2個半月以上）
- 氣溫20～22度
- 日照時間為12～14小時
- 正常攝取營養

只要這些條件齊備，就可以讓倉鼠繁殖。不過，考慮到母鼠與幼鼠的健康，最好在氣候宜人的春、秋時節繁殖。

①相親

首先拉近公鼠與母鼠的籠子，觀察4～5天。母鼠每4天發情1次，時間長達12～20小時，要成功的掌握住這個良機。如果母鼠願意的話，就讓牠和公鼠共處一室。

②交配

共處一室後，公鼠就會開始追求母鼠，母鼠翹起尾巴靜止5～10秒後，就準備開始交配。

交配會反覆進行20～60分鐘，結束後經過24小時，母鼠會形成陰道栓，如果陰道完全密合，就表示交配成功。

③懷孕・生產準備

結束交配後，將公鼠與母鼠分開。黃金鼠的懷孕期約16天、多瓦夫倉鼠約18天。懷孕期間的倉鼠特別神經質，除了餵食和給予水之外，要讓牠靜靜的獨處。懷孕、生產期間需要更多的營養，要準備含有豐富蛋白質、維他命及鈣質的飲食。

另外，要準備較大的鼠窩以備生產之用。產期將近時，母鼠會築窩，因此要放入大量的乾草，當成築窩的材料。

④生產

通常在深夜到清晨之間進行生產，大部分都能夠安產，不必為鼠媽媽擔心。雖然急於看鼠寶寶，但也要忍耐。母鼠一旦看到有人出現在籠子附近時，會驚慌不知所措，最糟糕的情況就是吃掉小鼠。

水箱四周用瓦楞紙圍住，母鼠才能夠平靜下來。

⑤鼠寶寶的成長

吸母奶的小鼠很快就成長了。出生1個月後，就可以離開媽媽的身邊。將公小鼠和母小鼠分開飼養，2個月大時，就可以分贈他人。

重點 ONE POINT

不容易進行人工保育

小鼠不容易被人類飼養，所以這個育兒工作還是得交由母鼠來執行。當小鼠離開鼠窩時，則要在竹筷前端裹上衛生紙並用橡皮筋綁住，然後用筷子小心翼翼的將小鼠叼回鼠窩內，不可讓牠沾到人類的氣味。

鼠寶寶的成長

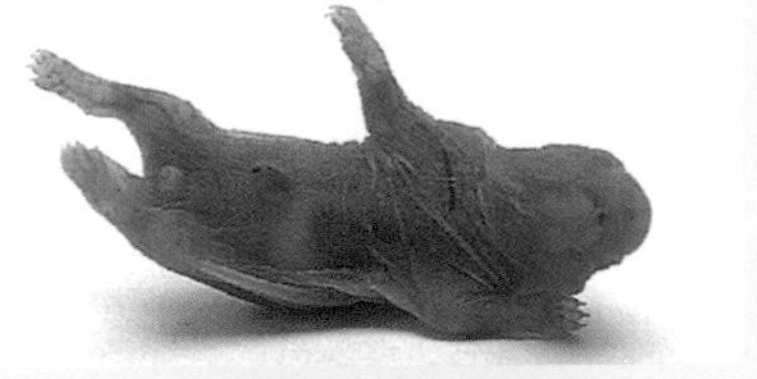

剛出生的小鼠沒有長毛，眼睛也還未睜開。

1週以後，開始蹣跚學步，出生10天左右，眼、耳會張開。

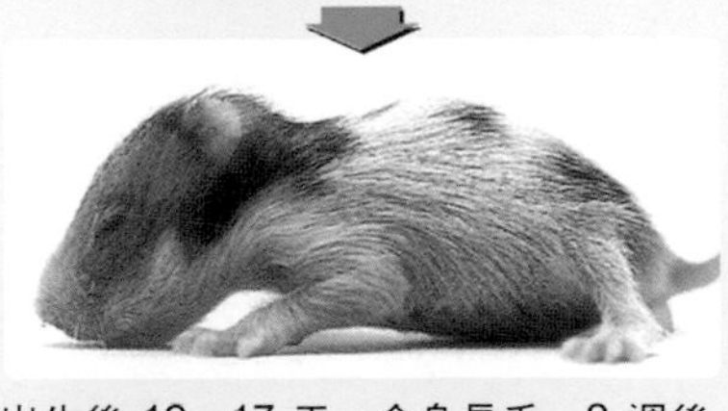

出生後12～17天，全身長毛，2週後能夠開始餵食。

花點工夫避免倉鼠和花栗鼠陷入冬眠

野生的倉鼠和花栗鼠會冬眠，但是飼養環境與野生不同的寵物一旦冬眠，有致死之虞，因此冬天時要更加細心的照顧。

倉鼠和花栗鼠的冬眠

動物在冬天時體溫下降，會用睡眠度過冬天，稱爲「冬眠」，野生世界中的蛇、青蛙、松鼠、熊、蝙蝠等動物都會冬眠。

冬眠有3種形態，倉鼠和花栗鼠都會冬眠，牠們的特色是，會在地洞的巢穴中貯存食物，冬眠期間經常起來吃喝拉撒。

冬眠時的體溫降低到3～8度，呼吸微弱，一不小心，就會昏睡致死，在人工的飼養之下，要避免讓寵物冬眠。

溫度、食物、日照是冬眠對策

野生倉鼠或花栗鼠在攝氏10度以下，如果食物較少且日照時間較短，就會進入冬眠狀態。據說這也和氣味、濕度、體內製造的化學物質等有關，不過詳情目前還不清楚。

對於人工飼養的動物，要讓溫度維持在15度以上，並且給予足夠的食物。雖然與日照時間無關，但還是要保持較長的明亮時間，以預防動物冬眠。

不過，動物也有生物時鐘，會配合些許的變化而冬眠，所以在冬天時要更細心觀察動物的情況。如果感覺不對勁時，就要提高溫度，避免動物冬眠。

3

和兔子一起生活吧！

肢體語言豐富的好伴侶

兔子在以前就是和人類一起生活的動物，經常在神話與童話故事中登場，現在牠仍然是讓人類愛不釋手的好伴侶。

豎起尾巴告知同伴出現緊急情況

尾巴具有溝通交流的作用，在面臨危險之際，會豎起尾巴對同伴傳遞訊息。

豎起耳朵表示正在提高警覺中

兔子的耳朵超級敏銳，感覺異常時，會立起後肢，豎耳傾聽，些許的聲音都逃不過牠的耳朵。

可愛的模樣和豐富的肢體語言令人著迷

長長的耳朵、小小的尾巴、可愛的長相，怎麼看也看不膩。

肢體語言豐富，想要得到你的照顧時，就會圍繞在你的腳邊打轉。開心時，甚至會四腳朝天在地上打滾呢！

能夠與主人心意互通的聰明動物

經過訓練，就會在固定的場所便溺，叫喚牠的名字，能夠得到善意的回應，也能夠和主人互通心意。

就好像貓、狗一樣，充分具有陪伴動物的特質。

愛乾淨的牠會自己整理毛

就算自己會整理毛，也要每天爲牠梳毛。尤其長毛種的兔子，更要爲牠服務。

野生兔子會使用靈活的前肢，在地下挖洞打造兔窩，是挖洞高手。

依然殘留愛挖洞的野生習性

腹部貼地好好的放鬆一下

腹部貼地，四肢伸直，悠閒的趴在地上，這是放鬆的時刻。

熟識後可以享受舒服的抱抱

體重從不到1公斤的超小型種到7～8公斤的大型種，兔子的大小各有不同。但是就算是大型種，充其量也只不過和較大的貓相同而已。混熟之後，抱著牠享受被毛柔軟的感觸，眞是一種幸福。

不吵不鬧可以養在公寓中

幾乎聽不到牠的叫聲，對於因爲「貓狗會妨礙鄰居安寧而放棄飼養」的寵物愛好人士而言，飼養兔子是最好的選擇。

而且兔子不像狗一樣不甘寂寞，就算飼主白天不在家，也能夠安心的飼養在家中。兔子是夜行性動物，只要傍晚以後回家再和牠玩就可以了。

大小、顏色、形狀各式各樣

飼養的兔子種類多達150種以上，體型大小和毛色多樣化，要慎選自己喜歡的兔子來飼養。

選擇兔子的3大重點

選擇兔子時，要檢查3個重點，首先是體型。大致可以分爲體重2公斤以內的小型種、2～5公斤的中型種，以及更大的大型種3種。

第2個重點是毛型。大致分爲長毛種與短毛種，飼養長毛兔時，要好好的爲牠梳毛。

第3個重點是耳型。大部分的兔子都擁有豎立的長耳，但也有耳朵下垂的垂耳兔。這一型的兔子耳朵容易藏污納垢，要經常清理。

兔子依品種的不同，性格也不同，要多加了解後再飼養。

垂耳兔的鼻面較短、臉頰鼓脹。
就品種而言，傾向於矮胖。

荷蘭垂耳兔

是大型種的法國垂耳兔和荷蘭侏儒兔交配後，再和大型種的英國垂耳兔交配出來的品種，是最小的一種垂耳兔。頭大、身材壯碩、體型臃腫爲其特徵。

DATA

- 原產地　荷蘭
- 體重　約 1.3 公斤
- 個性　溫馴、不怕生

荷蘭侏儒兔

討人喜愛的小型種，圓眼、短耳、短臉，有灰、黑褐色等各種不同的毛色。

DATA

- 原產地　荷蘭
- 體重　約 0.9 公斤
- 個性　和人親近，對於飼主的行動或態度會立刻做出反應

雖然一身的黑色，但是耳內、口部周圍及腹部則為銀色，形成絕妙的搭配。

褐色系的兔子毛色富於變化，包括如照片所示的橘色系到巧克力色等各種不同的顏色。

美國垂耳兔

是波蘭垂耳兔和安哥拉兔交配後的品種，長長的垂耳、膨鬆的長毛為其特徵，是小型的垂耳兔，毛色分括單色、雙色等，共有 20 多種。

DATA

- 原產地　美國
- 體重　公約 1.5 公斤
母約 1.7 公斤
- 個性　好奇心強，容易親近人類

如絲絨般帶有光澤的黑色是大眾化的毛色，眼睛也是黑色的，外觀可愛討喜。

白色和淡褐色混合成柔和的奶茶色，四肢和頭部的顏色較深一些。

英國安哥拉兔

在土耳其的安哥拉地方，為了利用動物的毛而製造出「安哥拉兔」，在英國改良成展示用的品種，毛長且密集要細心的梳理。

毛較長，可以如照片一般加以整理，讓牠輕鬆舒適的度過夏天。

DATA
- 原產地　英國
- 體重　公約 2.7 公斤
  母約 2.9 公斤
- 個性　溫馴

迷你雷克斯兔

由雷克斯這種毛皮用的中型種和侏儒兔交配出來的品種。體型苗條，毛如天鵝絨般滑順。腳底的皮膚脆弱，飼養時底部要鋪柔軟的墊料。

DATA
- 原產地　美國
- 體重　公約 1.8 公斤
  母約 1.9 公斤
- 個性　溫馴、容易親近

為肌肉體質，個性活潑，擁有 1.5 公分長的密生短毛較為理想。

喬治威里兔

由荷蘭侏儒兔改良而來的品種。膨鬆的長毛為其特徵，與安哥拉兔不同的是臉部的毛並不長。毛色多樣化，包括黑色、褐色、白色等種類。

毛約為 5～7.5 公分長，不易糾結成毛球，容易梳理。

DATA
- 原產地　美國
- 體重　約 1.3 公斤
- 個性　溫馴、容易飼養

日本白兔

是由佛蘭斯巨兔和紐西蘭白兔兩種大型種交配出來的日本產品種，也是在小學校園中經常看得到的兔子，原本是爲了取得毛皮和肉而飼養的兔子。

DATA
- 原產地　日本
- 體重　約 4～5 公斤
- 個性　溫馴乖巧

白毛、紅眼爲其特徵，較大型的體重甚至超過10公斤。

道奇兔

頭部後方到背部形成圓弧形，體型壯碩。

在荷蘭經常看到，是在英國改良的品種，具有如熊貓般的雙色毛。鼻子四周、頭部到前肢爲白色，耳朵、眼睛四周及身體的後方則爲黑色或褐色。

DATA
- 原產地　英國
- 體重　約 2 公斤
- 個性　獨立，但也喜歡和人類一起玩耍

獅子侏儒兔

是侏儒兔改良的品種，兩頰的長毛膨鬆有如獅子的鬢毛一般爲其特徵。此外，擁有相同特徵的垂耳兔，則稱爲「獅子垂耳兔」。

DATA
- 原產地　德國
- 體重　約 2 公斤
- 個性　容易親近

如照片所示，有白色、黑色雙毛色或褐色、黑色等多種變化。

長耳、敏銳的鼻子、力道強的後肢爲其特徵

兔子擁有長耳等不同於其他動物的特徵，每個部分都爲了度過嚴苛的野生生活而發揮重要作用。

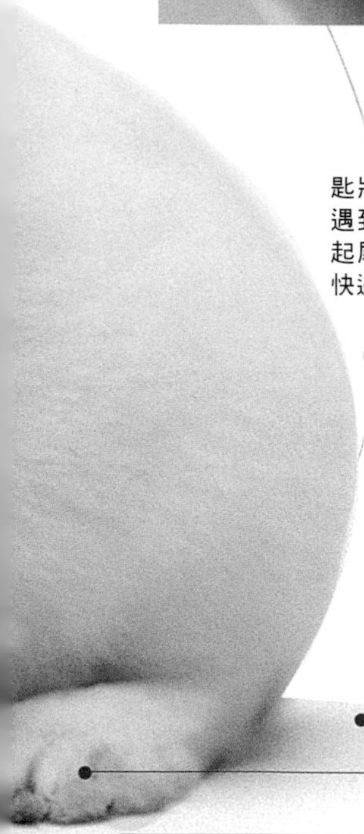

耳朵

自由活動的長耳，能夠捕捉到任何細微的聲響。耳朵上布滿著許多血管，藉此釋放熱氣以調節體溫。

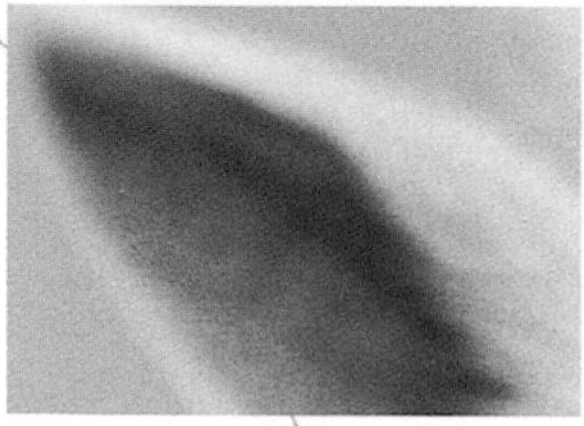

肉垂

喉下有稱爲肉垂的鬆弛部分，經常見於母兔身上，就好像是駱駝的駝峰一般，具有貯存脂肪的功能。

尾巴

匙狀，短而膨鬆。遇到危險時，會豎起尾巴通知同伴快快逃走。

後肢

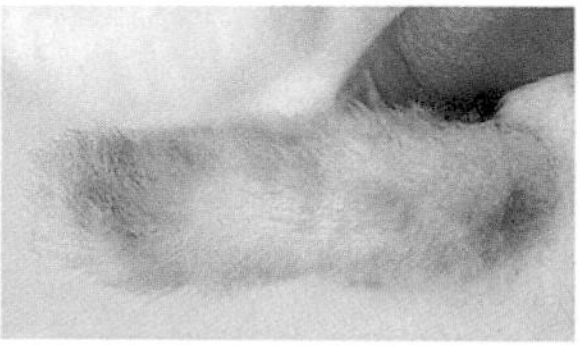

肌力發達，跳躍力超強，踢力強勁，有 4 趾，腳的內側覆蓋蓬茸的毛。

公與母的分辨法

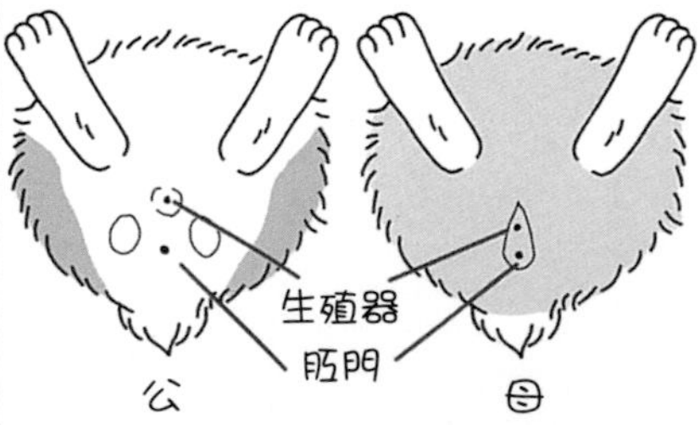

公兔的生殖器與肛門之間的距離較大一些。出生 3 個月後，睪丸下降到陰囊處，從外觀上就能夠明顯看出。母兔的生殖器與肛門之間的距離較近，好像連在一起似的。

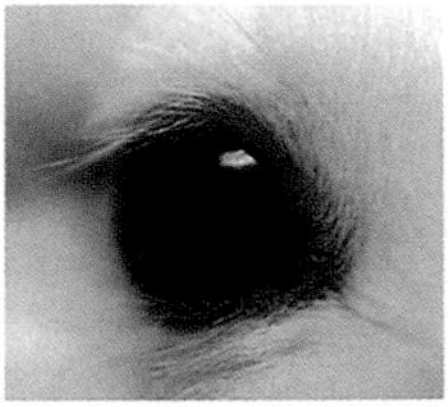

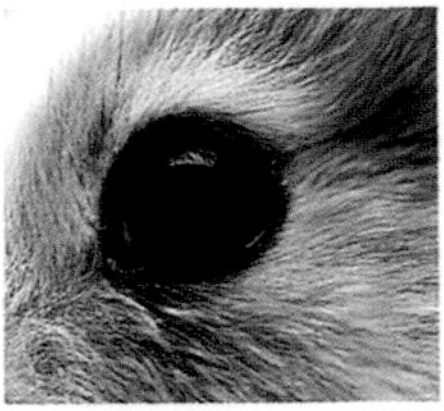

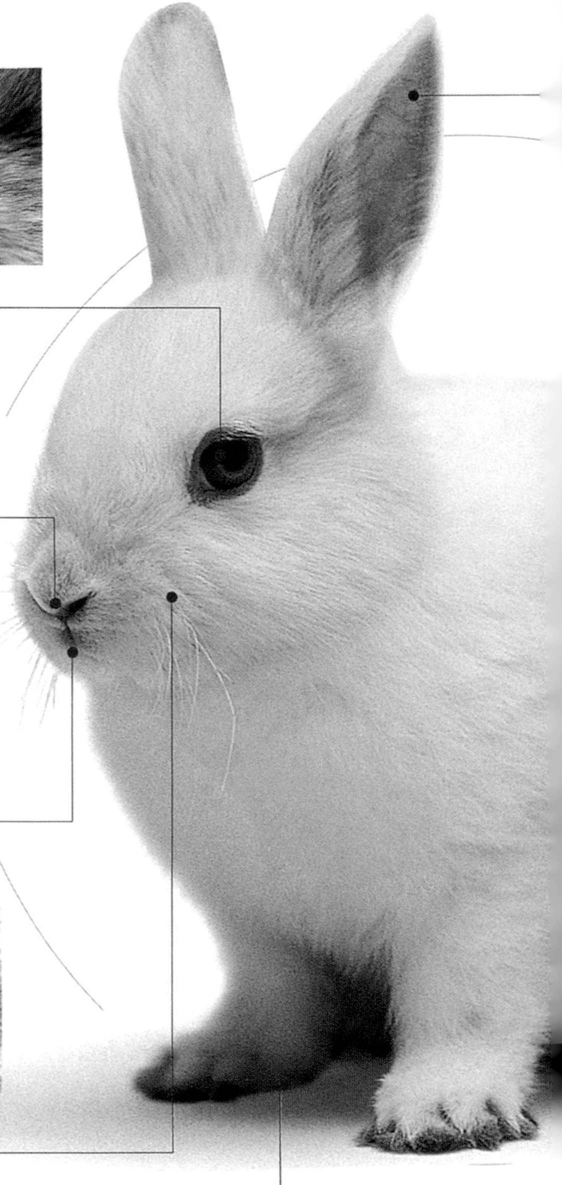

眼睛

眼睛掛在臉的兩側，視野寬廣，能夠發現背後的敵人。夜行性動物，在微暗處也看得見東西，但視力不佳。

鼻子

經常抽動著牠那靈敏的鼻子，藉由尿液的氣味能夠分辨敵我。

口腔・牙齒

上唇出現縱裂，能夠自由的開閉，共有 28 顆牙齒，兩顆門牙的後方還長著 2 顆牙齒，所有的牙齒終生使用。

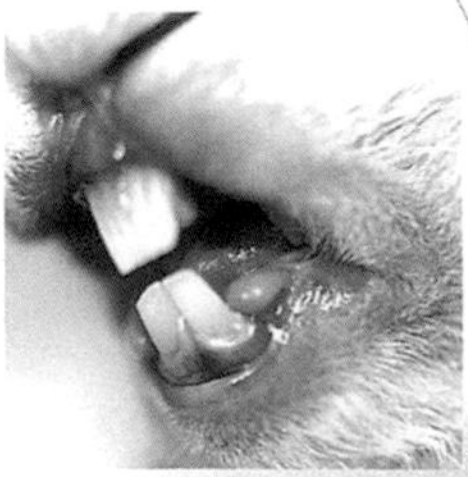

鬍鬚

和耳朵一樣具有如天線般的作用，能夠敏銳的掌握四周的動靜。兔子不喜歡被人觸摸鬍鬚，所以千萬別惹牠。

前肢

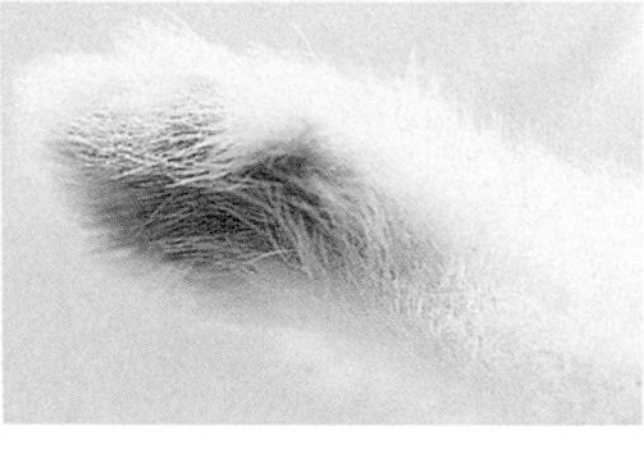

有 5 趾，比後肢短。銳利的爪子很會挖洞，但是不能夠像倉鼠或花栗鼠一樣，利用前肢抓取東西來吃。

身體 DATA

- 體溫　38.0～39.6 度
- 呼吸數　32～60 次／分
- 心搏數　130～325 下／分
- 壽命　5～10 年

只要細心照顧 室內屋外飼養均OK

不論是關在室內或屋外的兔籠或放養均可，依住家狀況、自己的喜好以及兔種等，來決定飼養的方式。

關在籠中飼養最安全

兔子對於氣溫的變化十分敏感，不耐寒暑。生手最好採取室內飼養的方式，這樣比較不會受到天氣及溫差的影響，而且可以隨時欣賞到牠那純眞可愛的模樣。

室內飼養又分爲關在籠內飼養及放養兩種。如果是放養，那麼兔子就能夠在房間內自由的活動，不過如果房間的各個角落沒有做好安全檢查，很容易發生意外事故。基於安全性的考量，最好還是讓牠成爲籠中兔吧！

屋外飼養的注意事項

飼養在屋外時，堅固耐用的兔籠是少不了的。將兔籠放在安靜、通氣性佳、陽光充足、避開强風侵襲的場所。

爲了避免濕氣與寒氣，籠子要架高，離地約30公分。

要有這些配備！飼養配備一覽表

- 籠子
- 木板、鋪料
- 攜帶型籠子
- 食盆
- 飲水器（瓶子型）
- 便盆、兔砂
- 啃木
- 指甲剪、梳子
- 圍欄
- 溫度計、濕度計
- 保暖器

不可讓貓、狗靠近兔子小屋。

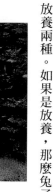

室內籠子飼養的配備

●濕度計、溫度計
固定在不會被兔子咬到的位置。

●便盆
應該固定在食盆相反側的角落，也可以放在籠外。

●飲水器
配合兔子的大小，安置於易喝到水的高度。

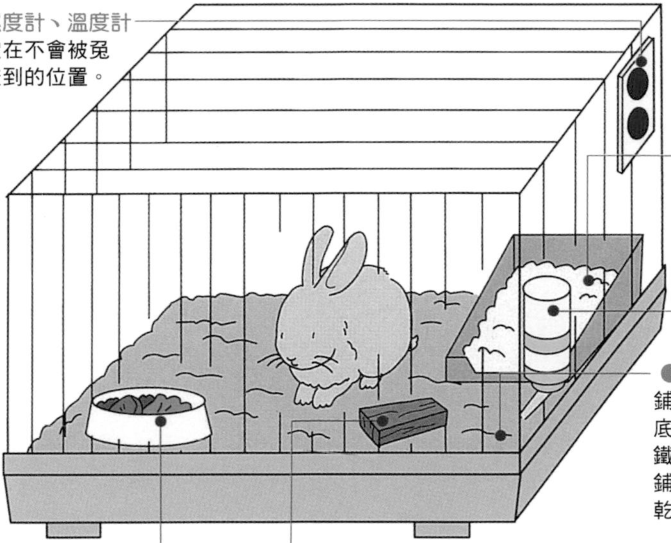

●木板、鋪料
鋪在底部保護腳底。如果底部是鐵絲網，就要先鋪木板，再利用乾草填塞縫隙。

●食盆
爲避免打翻，要將較重、穩定性較佳的食器，置於籠子內的角落。

●木頭玩具
用以磨牙，避免牙齒長得太長，而且還能消除壓力。

理想的鐵籠面積
飼養 1 隻時，寬 50×深 60 公分

室內放養的配備

●地毯
環狀或長毛地毯容易鉤到爪子造成受傷，要避免使用這類地毯。

●便盆
訓練兔子在固定的場所便溺

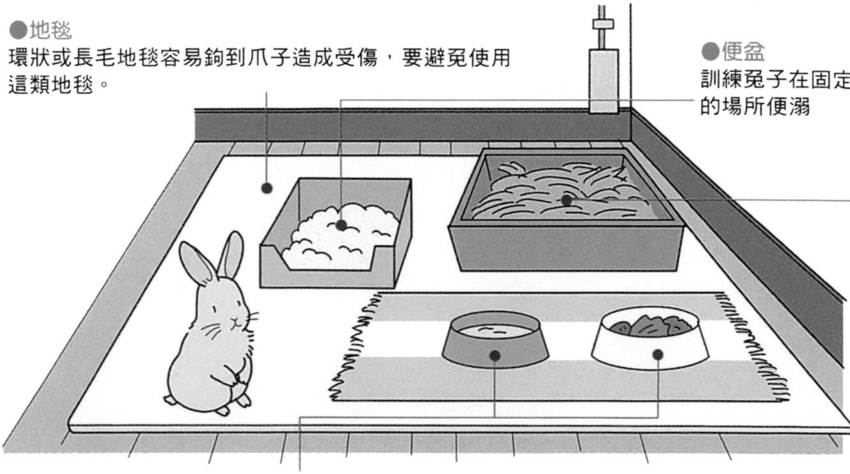

●食盆、飲水器
先鋪吸水紙或墊子，再放置食盆與飲水器，較不會弄髒兔窩。

●睡床
利用箱子等物品當睡床，裡面要放入鋪料、毛巾等柔軟物品。

以牧草爲主再添加飼料和蔬菜

兔子是草食性動物，愛吃蔬菜和野草。要以纖維質含量豐富的牧草爲主，再搭配飼料、蔬果及當令季節的野草等。

牧草是草食動物兔子的美味大餐

以往大家都認爲兔子的主食是飼料，但是考慮到草食動物兔子的健康，應該要以牧草爲主食，再搭配飼料或蔬菜等副食。

牧草能夠預防咬合不正與毛球症等疾病。讓兔子吃牧草，不但能夠磨牙，還能防止牙齒過度增生。此外，因爲牧草富含纖維質，對於消化也有所幫助。

野草｜能夠調整身體功能，因此要給予沒有受到排放廢氣或農藥污染的當令新鮮野草，很多野草食用後會引起中毒事故，要小心。

○ 能夠吃的野草

藥用蒲公英葉　蓍草　繁縷　苜蓿　車前草　薺菜
白三葉草等

✕ 有中毒危險性的野草

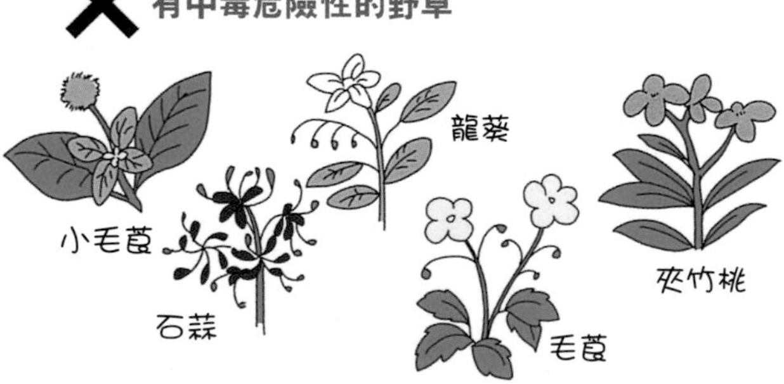

小毛茛　石蒜　龍葵　山葵　毛茛　夾竹桃等

早晚餵飼料並給予足夠的水分

早、晚各餵食1次，因爲是夜行性動物，所以傍晚的餵食量要多一些，菜單如左表所示，同時要給予乾淨的水。在不影響正常飲食的情況下，可以給予少量市售的兔子點心或蘋果等水果。

1天的菜單

食物的種類／年齡	牧草（無限量供應）	飼料（限量，早晚各餵食1次）	蔬菜、野草（限量，早晚各餵食1次）
1歲以前（幼齡兔）	以苜蓿爲主	給予標示量的30～50％	早晚各給予1碗食盆的份量
1歲～5歲以前（中齡兔）	苜蓿與貓尾草的混合牧草	給予標示量的30～40％	
5歲以上（老齡兔）	以貓尾草爲主	給予標示量的20～30％	
肥胖的兔子	以貓尾草爲主	高纖維飼料（粗纖維20％）給予標示量的20～30％	

兔子能夠吃的食物

主食 牧草

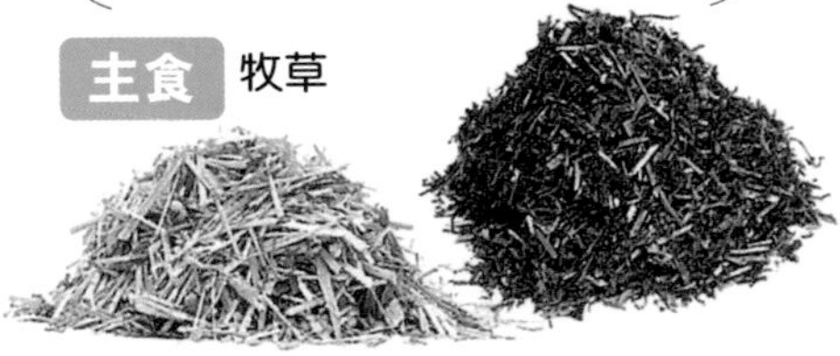

大致分爲豆料和禾本科兩種。兔子比較愛吃苜蓿等豆科的牧草。不過，禾本科含有較多的蛋白質與鈣質，適合成長期的兔子食用。高齡的兔子適合貓尾草等禾本科的牧草。

飼料

以纖維質較多、蛋白質和脂肪不宜過多，爲選購重點。

營養成分的標準

粗蛋白　15％左右
（幼兔多一些，老兔少一些）
粗脂肪　3％左右
粗纖維　16～20％以上
（幼兔少一些，老兔多一些）

副食 蔬菜、水果

胡蘿蔔　綠花椰菜　西洋芹　小油菜

鳳梨　草莓　香蕉　蘋果

新鮮蔬果充分洗淨，去除水分後再給予。吃太多萵苣、高麗菜等水分較多的食物，容易引起下痢，要注意。水果的糖分較多，只能少量給予。

重點 ONE POINT 這些食物要注意！

馬鈴薯的芽或皮、生豆子、蔥、洋蔥、韮菜以及酪梨，都有可能會中毒。另外，飯、麵包等澱粉、糖類含量較多的食物不易消化，會引起下痢，同時也是蛀牙的原因，不要餵食。

首先要掌握正確的抱法

兔子原本是捕食性動物，在野生時一旦被剝奪自由，就形同死亡。很多小兔子都害怕被人類觸摸，要耐心的培養感情後再擁抱牠。

溫言軟語讓牠安心

抱兔子可是一門大學問，因爲大部分的兔子都不喜歡被抱，但是仍要學習，否則在移動時或做健康檢查以及剪指甲時，就得大費周章了。

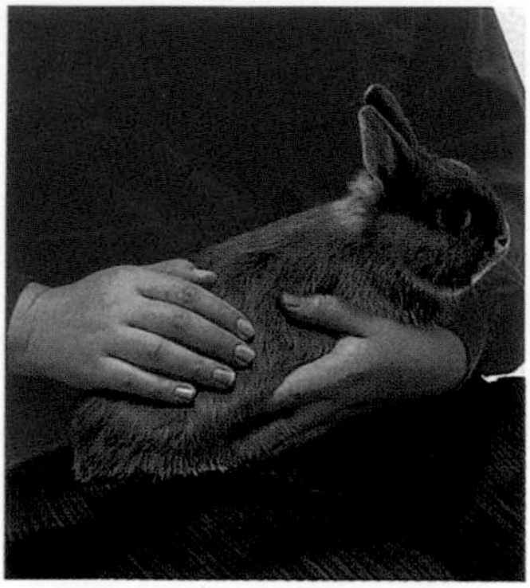

抱在膝上就不必擔心掉落的危險。

從小親近牠，就比較容易抱牠。兔子不喜歡別人撫摸牠的腹部，因此可以從頭部、背部等感覺較舒服的部位先撫摸，等到不反抗時，再練習次頁所介紹的抱法。

抱的時候避免兔子因爲掙脫而掉落地面

兔子的後肢具有强大的跳躍力，如果採取只壓住身體前半部的勉强抱法，會損傷牠的背骨，也會讓牠急於想要掙脫，造成骨骼較薄的兔子從高處掉落而引起骨折。因此，抱兔子時切記勿讓牠掉落地面。

重點～

ONE POINT

避免碰觸兔子的這些部位

兔子生性膽怯，想要糾正牠錯誤的行爲可要花點時間。兔子的耳朵十分纖細脆弱，不可以拉牠的耳朵。突如其來的熱情擁抱會驚嚇到兔子，必須要先出聲後再溫柔的抱牠。

腹部貼胸的抱法

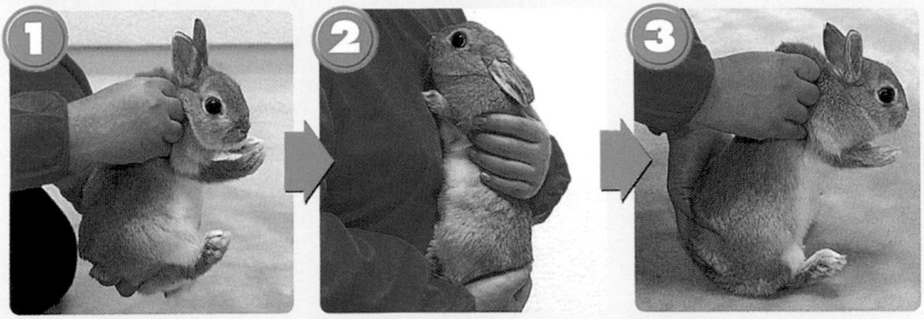

多抓住一些頸後的皮膚，托住臀部將牠抱起。

讓兔子的腹部貼在自己的胸膛，緊緊的抱住。

移開時，從後肢先慢慢的放下。

能做健康檢查的仰抱方法

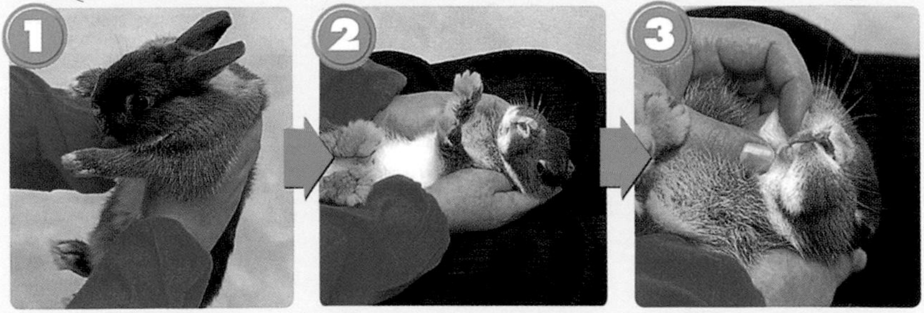

抓住兩腋下的皮膚將牠抱起。

讓牠仰躺在膝，待其放鬆心情。

保持這個姿勢檢查牙齒及口唇四周。

1天1次讓牠自由活動30分鐘以上

長時間待在狹窄的籠子內，容易造成運動不足，一旦運動不足就容易導致肥胖。每天要在決定好的時間內，放牠出籠活動半小時以上。不過，事先要確認室內的安全。

氣候穩定的時節可帶牠到野外散步

氣候宜人的時節，可以帶牠到戶外運動。有些人會利用拉繩、吊帶等帶兔子外出，這是危險的做法，最好避免。可以利用攜帶型籠子帶牠到附近的公園散步，或讓牠在圍欄內自由的活動。

廁所訓練的重點是氣味

飼養在室內時，要訓練上廁所。野生兔子有在固定地點排泄的習性，所以能夠進行廁所訓練。

決定好場所後要耐心的進行訓練

廁所訓練的重點在於氣味。決定好場所後，要放置便盆，鋪上乾草、報紙、墊子等，再將沾有少許兔糞或尿液的衛生紙等放在便盆內，讓兔子聞到氣味就可以記住場所。

如果在便盆以外的場所排尿，則要用中性洗劑仔細擦拭乾淨，利用寵物用消臭劑去除味道。

兔子的便盆可以廚房用的滴水籃替代。

成功的秘訣在於表現良好時要給予稱讚

感覺牠想要便溺時，就要趕緊引導牠去上廁所。表現良好時，就要溫柔的稱讚牠，但不可因爲過於驚喜而大呼小叫或突然抱起牠。

重點 ONE POINT

柔軟的糞便是營養來源

兔糞包括黑而圓的硬便，以及柔軟如奶油狀一般的糞便。兔子會直接從肛門接住軟糞吃下，將最初未吸收殆盡的營養再度吸收到體內，這種行爲稱爲「食糞」，是兔子確保營養不可或缺的行動。

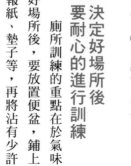

藉著清理環境與照護身體來維護兔子的健康

兔子生性就愛乾淨，所以每天要清理籠子，維護環境的整潔。爲了做好健康管理，也要定期的護理牠的身體。

每天以便盆爲主 簡單的清理兔窩

兔子厭惡潮濕，所以要爲牠清除籠子底部的排泄物，同時要保持食盆和飲水器的乾淨，避免殘留濕氣，這是每天打掃的重點。

要爲長毛兔梳毛

兔子會自己整理毛，但是長毛種就有勞飼主代爲服務了。毛容易糾結成毛球，在兔子自己整理毛的時候，會吃進大量的毛。首先從臀部朝頭的方向，然後再逆向順著毛向輕輕的梳理，才不會傷害皮膚。

首先用手觸摸毛，解開毛球，再用梳子梳理毛。

髒污不堪時 要爲牠洗澡

兔子怕碰水，很難替牠洗澡。身體骯髒時，要用打濕的毛巾仔細的爲牠擦洗身體。

若是灰頭土臉、髒污不堪，則要用兔子專用沐浴劑迅速洗淨（參考103頁）。

剪去較長的指甲 以免抓傷皮膚

馳騁在山野中的野生兔，爪子自然很短，不過，寵物兔的指甲增生很快，要定期檢查。太長時，就要爲牠修剪（剪法參考41頁）。自己無力爲之時，不妨請動物醫院代爲處理。

從相親到小兔自立需要2個半月的時間

一胎能夠生下10隻兔寶寶，事前要替牠找好對象，並做好繁殖與餵養的心理準備，讓兔子一家快樂幸福的生活。

選擇適合繁殖的兔子

通常兔子在出生後4～6個月就具有繁殖力，不過依品種的不同而有差異，大型種約要5～8個月，甚至1年左右才具有繁殖力。此外，有些兔子就算長大成熟也不適合繁殖。要注意以下這些兔子。

●太胖的兔子
●剛生產不久的母兔（至少要隔6個月）
●多次生產但寶寶餵養失敗的母兔
●出生後5年以上的高齡兔

另外，有血緣關係或有遺傳性疾病的兔子也不宜交配，否則生下來的寶寶也不會健康。

氣候穩定的春天是最好的繁殖期

雖然一整年都可以繁殖，但潮濕的梅雨季、暑夏或寒冬，最好避免繁殖。

氣候穩定的春天是最佳的繁殖期，這時期生下的兔子比較容易照顧。

①相親

首先讓公兔和母兔相親。最初近距離的分籠飼養，觀察彼此是否情投意合。如果彼此一見鍾情，母兔傳出發情的訊息，那麼就讓母兔進入公兔的籠子內，或一起待在比較廣敞的場所。

●母兔發情的訊息
輕壓牠的背部時，翹起尾巴做出接受交配的姿勢。

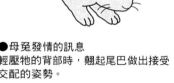

②交配

交配很快就結束了。射精時，公兔會發出Hi的高吭叫聲，趴在母兔的後方或側方，然後起身用後肢蹬地。

爲了成功的交配，要讓牠們反覆進行2～3次的交配。

③懷孕

交配結束後，就要將公兔和母兔分開，各自回籠。兔子的懷孕期間依品種的不同而有不同，大致上爲1個月。以此爲標準，爲兔寶寶的誕生做準備吧！

通常要到接近臨盆期時才會知道母兔懷孕了。直到產前1週，母兔的腹部才會變大。不過只要眞的受孕，在交配的15～20天就能夠檢查出來。想要早點得知母兔是否懷孕的人，可帶兔子到動物醫院接受檢查。

④生產準備

懷孕中的母兔特別神經質，要讓牠安靜的待在籠子內，不要去打擾牠。飲食方面，要給予熱量較高的食品。量不必增加，但營養要均衡，亦即重質不重量。

爲了能夠順利生產，要準備如附圖所示的產房，放入大量的乾草，讓母兔能製作產床。

在接近生產時，母兔會將乾草搬運到產床上，或是拔除胸部、腹部的毛開始築窩。看到這樣的行動，就知道即將生產了。

重點 ONE POINT 爲什麼會出現假懷孕？

沒有懷孕的母兔卻開始做窩，甚至腹部隆起，這就是假懷孕，表示交配不順利，應該是和不具生殖力的公兔交配所造成的。通常過了15天左右就會恢復正常，不用擔心。

⑤生產・育兒

生產多半在黎明到上午之間進行。清晨5點到下午1點生產的情況約占整體的7成。飼主就算不放心，也不能夠偷窺。

產後的1個月內，要讓兔子安穩的待在籠子內。母兔每天會餵奶1～2次，每次5～6分鐘，別以爲兔媽媽小氣，事實上這樣已經能給兔寶寶充分的營養了。

要給予授乳中的母兔大量的水，食物方面，也要給牠水分較多的蔬菜和野草。

⑥幼兔的斷奶・離巢

幼兔出生2週後，就可以慢慢吃少量的食物，1個月左右就可以斷奶，不過要將食物碾碎後再餵食。

兔窩底部要鋪大量的乾草、墊料，讓牠隨時都能夠吃到乾草。2個月後，就可以離開母親的身邊獨立生活。

兔寶寶的成長

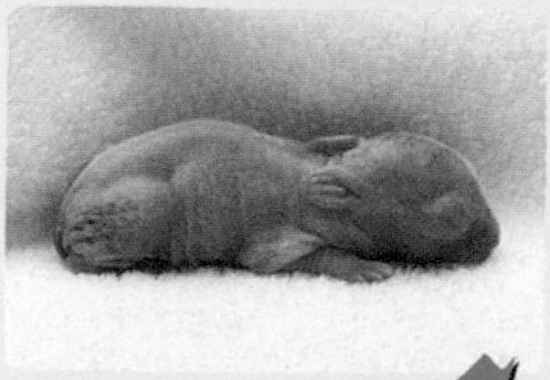

出生後不久

身體無毛，眼睛閉著，耳朵也聽不到，甚至無法活動。

出生後1週

出生後4～5天，身體開始長胎毛。1週內耳孔打開，具有聽力，體重爲出生時的2倍。

出生後2週

兩眼陸續張開。除了母乳之外，也可以吃少量的食物。

出生後1個月

幾乎已經斷奶。體重爲出生時的10倍。

重點～ ONE POINT

母兔不肯育兒時該怎麼辦？

有時候母兔會突然停止育兒的行爲。這是因爲食物或水的不足、身體不適或因爲有人偷窺，置身於不平靜的環境中所造成的。目前人工保育仍難以實行，只能調整環境，由母兔負責育兒工作，這是重點。

4

和雪貂一起生活吧！

調皮可愛的模樣使其成爲人氣直線上升的寵物

表情豐富，容易親近，天生聰明，魅力無限，讓人愛不釋手。一次飼養多隻也不嫌麻煩。

可以和活潑好動的雪貂一起玩球或其他玩具。

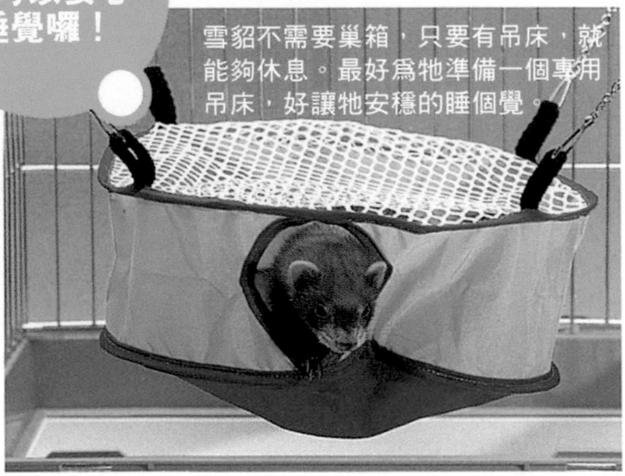
只要有吊床
就可以安心

雪貂不需要巢箱，只要有吊床，就能夠休息。最好爲牠準備一個專用吊床，好讓牠安穩的睡個覺。

淘氣的臉蛋和動作令人著迷

雪貂擁有一張可愛的臉蛋，調皮、明亮有神的眼眸，耳朵小巧可愛，修長的身體活動自如，眞是百看不厭。

古埃及就成爲飼養動物 聰明容易親近

雪貂成爲家畜的歷史，可追溯到西元前3千年的古埃及時代，最近在日本才被當成寵物飼養。由於與人類共存的歷史很長，所以容易與人親近，而且天生聰明，能夠記住自己的名字，聽得懂人類的話，是能夠互通心意的少數動物之一。

利用後肢的支撐力就可以站立

窩藏在狹長的空間內最安心

雪貂一溜烟就會窩藏起來，所以不要讓牠離開你的視線之外。

強勁的後肢能夠使身體挺立，自由自在的玩耍。

共同玩耍是一大樂事

雖然親近人類，但是更喜歡和自己的同伴玩，共同飼養並不難。

個性貪玩 可以和人類一起去散步

雪貂個性活潑好動，一刻也靜不下來。因此，市面上有販賣各種雪貂專用玩具，好讓牠解悶。

尤其更愛與人同進同出，所以可以和狗一樣，爲牠套上吊帶後再帶牠外出散步。如果你希望寵物當你的玩伴，那麼雪貂是最佳的選擇。

可以輕鬆的共同飼養 豐富的毛色讓人賞心悅目

雪貂是具有社交性的動物，能夠輕鬆的共同飼養。有了玩伴，就不會無聊。同時飼主也可以藉此欣賞雪貂多樣化的毛色，只要空間足夠，共同飼養不是什麼大問題。

毛色多樣化，多養幾隻更能滿足視覺的享受

雪貂是歐洲鼬鼠家畜化的動物。經由品種改良當成寵物飼養，毛色多樣化，各具特色，令人愛不釋手。

毛色多達10種以上

雪貂的毛色多達10種以上。依毛色的不同，性格也有所差異，最常見的是深褐色的黑貂，與家畜化之前的鼬鼠毛色最爲接近。另外，還有先天缺乏色素的白子，在自然界中十分罕見，不過在雪貂中經常可以看到白子。白雪貂在黑暗中尤其醒目，成爲狩獵人士的最愛，並且會優先讓白子雪貂進行交配。

生手最好先讓雪貂動切除肛門腺的手術

雪貂的肛門腺會分泌帶有惡臭的體液，一旦沾到這種體液，味道久久不散。因此生手在飼養之前最好先爲牠動肛門腺切除手術，這樣飼養起來比較輕鬆。

雪貂是「交配排卵動物」，不交配就會一直處於發情狀態中，尤其母的雪貂不交配，甚至會因爲罹患「雌激素中毒症」而致命。因此，若沒有繁殖的打算，不妨事先動去勢或避孕手術較爲省事。

切除肛門腺的手術與去勢或避孕手術能夠同時進行，生手最好飼養已經動過手術的雪貂。

重點 ONE POINT

什麼是超級雪貂?

「超級雪貂」是指經由專業獸醫動過去勢或避孕，以及肛門腺切除手術的雪貂。原本這個名詞是指擁有國際血統認證的雪貂，最近則泛指動過手術的雪貂。

雪貂

DATA
- 原產地　歐洲、摩洛哥
- 體長　公約 40 公分　母約 35 公分
- 體重　公 0.8～2 公斤　母 0.6～1.5 公斤
- 個性　活潑好動、天眞無邪

肉食目鼬科動物，天生聰明，容易親近，是歐洲鼬鼠家畜化而來的動物，並不存在於野生世界中。「雪貂」這個名稱，是來自拉丁文「小偷」的意思。

白趾
因爲四肢前端的毛爲白色，故稱爲白趾。全身體毛爲灰色到黑色的雪貂，又稱爲「銀白趾」。

黑貂
大眾化的毛色，外層毛是深褐色、內層毛是白色到奶油色，眼睛是黑色或深褐色。

奶油威士忌
是毛色多樣化的品種，依毛色深淺的不同，有「巧克力」、「肉桂」等各種不同的稱呼。

安哥拉
近年來才出現的新品種，柔軟的長毛爲其特徵，擁有數種毛色變化。

白子
和黑貂一樣，是在雪貂中較多見的種類，爲白色到淡黃色等單一毛色，紅眼睛。

身體細長、眼睛渾圓 小心銳利的牙齒和爪子

肉食動物，擁有尖銳的牙齒和爪子，處理時要小心。公的體型比較大，而母的臉形比較細長。

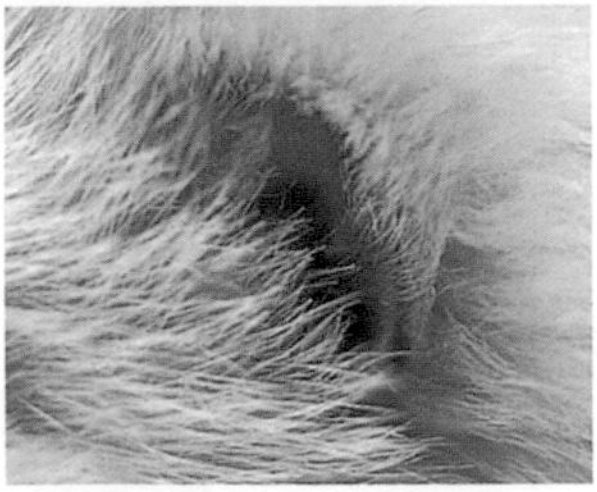

肛門腺

肛門的兩側有肛門腺，在受到驚嚇或緊張時，會分泌帶有強烈氣味的液體以求自保。若要當成寵物飼養時，最好挑選已經動過肛門腺切除手術的雪貂。

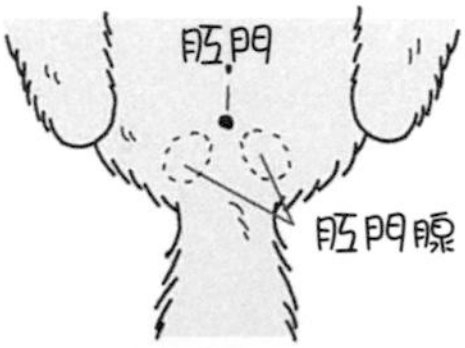

耳朵

對聲音非常敏銳。渾圓的耳朵能夠聽到超高音域，連老鼠也不放過。

後肢

與前肢一樣有 5 趾，底部有如貓、狗一般的肉趾。力道強，利用後肢的支撐力就能夠站立。

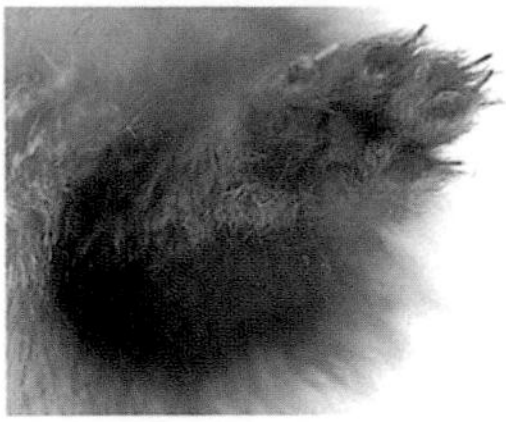

尾巴

很長，全身覆蓋被毛，會藉著顫動或毛倒立來表現情緒。

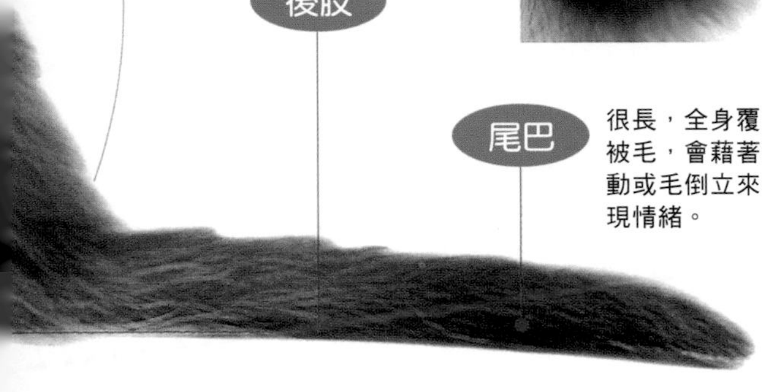

公與母的分辨法

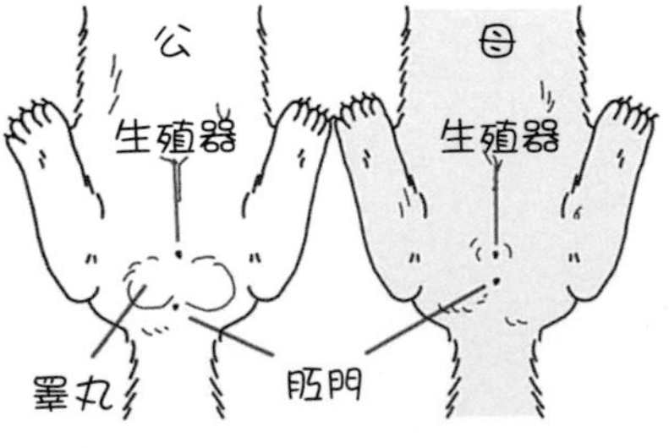

公雪貂的生殖器與肛門之間的距離較長一些，母雪貂較短。公雪貂陰莖的前端在肚臍附近，觸摸下腹時，會摸到小的突起物。成熟的公雪貂，體型爲母雪貂的 1.5 倍。

鼻子

擁有敏銳的嗅覺以彌補視力的不足。醒著時，鼻子總是冰涼潮濕，小小的塵埃就會讓牠噴嚏打個不停。

眼睛

視力不良，瞳孔呈橫向橢圓，上下移動，擅長捕捉獵物。瞳孔分爲黑色、紅色、葡萄色等。

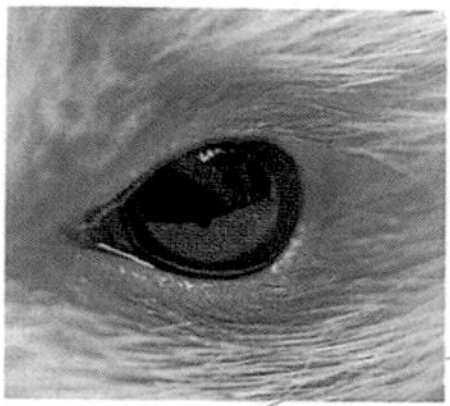

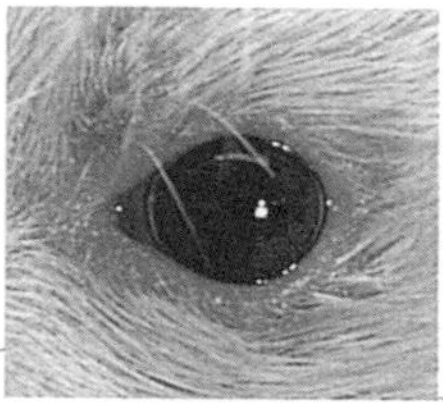

鬍鬚

口唇周邊長長的鬍鬚具有如感應器般的作用，不可剪掉。

口腔・牙齒

肉食性動物，上下各有2顆犬齒，共有34顆牙齒。出生後2～3個月內，乳齒變成恒齒。顎力強勁，捕捉到口中的獵物難以掙脫。

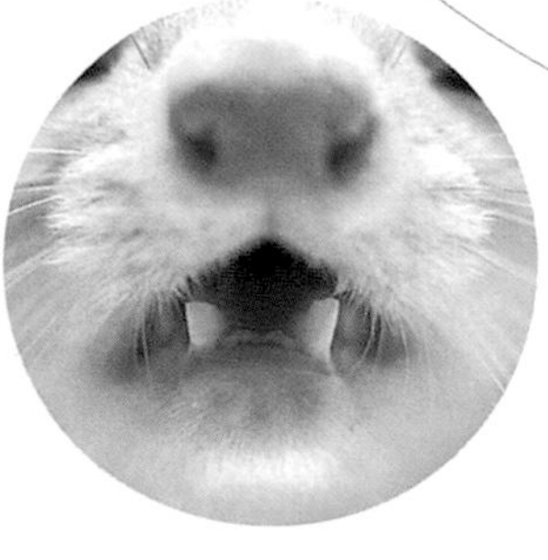

前肢

短小的前肢，能夠在細長的通道上自由移動。有5趾，拇趾與他趾互相對應，能夠輕易扒抓東西。

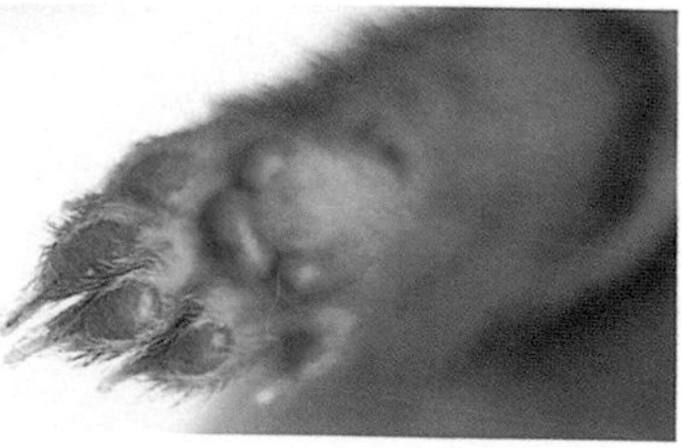

身體 DATA

- 體溫　37.8～40 度
- 呼吸數　32～36 次／分
- 心搏數　200～255 下／分
- 壽命　7～10 年

利用專用籠子與配備打造悠閒舒適的空間

為活潑好動的雪貂準備一個空間寬敞、配備齊全的專用籠子，讓牠能夠悠哉的打發時間。

要有這些配備！飼養配備一覽表

●鐵籠	●玩具
●墊子	●飲水器（瓶子型）
●攜帶型籠子	●溫度計、濕度計
●便盆	●吊床、睡袋
●食盆	●牽繩、吊帶

籠子飼養的配備

●吊床
雪貂的寢室，以睡袋取代亦可。

理想的鐵籠面積
寬 70×深 60×高 60 公分，如果小於這個尺寸，就要讓牠充分運動。

●玩具
長時間與籠子為伍，給牠玩具打發無聊的時間。

●飲水器
安置於離便盆較遠的地方，瓶子型較為理想。

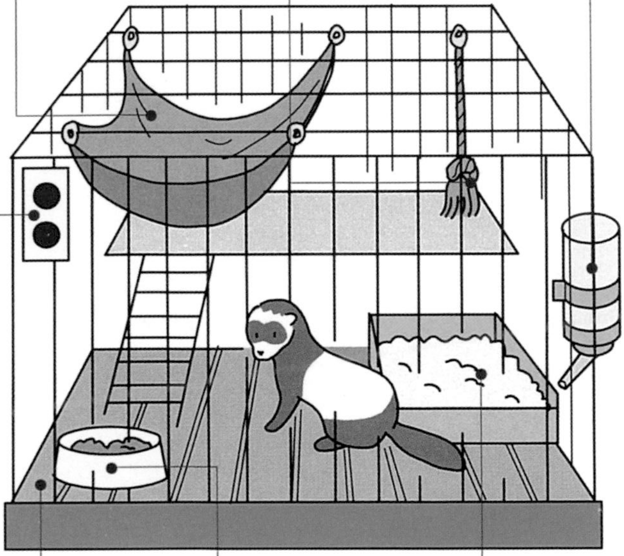

●墊子
在籠子底部或木板下鋪墊子或報紙。

●食盆
安置在遠離便盆的地方。選擇陶器或金屬製、穩定性好的食盆。

●便盆
固定在籠子的一角，因為雪貂有在四個角落排泄的習性。

●溫度計、濕度計
安置在雪貂咬不到的地方。

防止逃脫的方法
利用鉤環等牢牢的固定籠子的出口。

雪貂是逃脫高手 要用縫隙狹窄的專用籠子

籠子的鐵縫一旦超過5公分以上，雪貂就有逃脫的機會，所以要使用縫隙較小的專用籠子。爲了讓牠充分運動，要爲牠打造2～3層樓高的建築。

將雪貂放出籠外飼養並不安全。基本上要飼養在籠子內，如果放牠出來活動，就要盯緊牠。

準備吊床或睡袋 讓牠睡個好覺

柔軟的睡床是雪貂的最愛，利用吊床或睡袋在籠子內爲牠打造一個舒適的睡窩，要經常保持寢具的清潔。

市面上有販賣雪貂專用的吊床或睡袋，也可以利用大毛巾或不穿的T恤。

當其肚子餓或因爲換牙，牙齒會發癢而去咬碎布，如果不慎吞進體內會引起胃腸障礙，要小心。

木屑等鋪料 有引起呼吸困難的危險

爲避免傷及肉趾，要拿掉籠子底部的鐵絲網。

雪貂不需要牧草或木屑等鋪料，如果不慎吃下肚，會造成呼吸困難，只要在籠子底部鋪上墊子或報紙即可。另外，也可以放置鋪上報紙的木板。

重點 ONE POINT

勿讓兔子或倉鼠靠近雪貂

肉食動物的雪貂，會本能的追逐兔子、倉鼠、天竺鼠等小動物，最好隔離飼養。

就算要飼養，也要分房飼養，別讓牠們發現到對方的存在。

肉食性的雪貂需要攝取足夠的蛋白質和脂肪

肉食性的雪貂，需要攝取含有大量動物性蛋白質與適量脂肪的食物，以營養均衡的專用飼料爲主食。

只以肉餵食會造成營養不均

不可因爲牠是肉食性動物，就只餵予市售的肉，會導致營養失調。肉食動物會攝取獵物的血、肉、皮膚、內臟等所有的部分，藉此得到均衡的營養。

最理想的食物就是雪貂專用的飼料，如果再添加少量的動物性蛋白質，那就更完美無缺了。

動物性蛋白質

基本上，攝取專用飼料就已經足夠了，不過這些飼料並不完全是利用動物性蛋白質製成的，所以還要給予富含動物性蛋白質的輔助食品。例如熟雞肉、肝臟及熟蛋黃等都容易消化。牛奶含有乳糖，可能會引起下痢，因此最好選擇與雪貂母乳成分接近的低乳糖貓用奶。

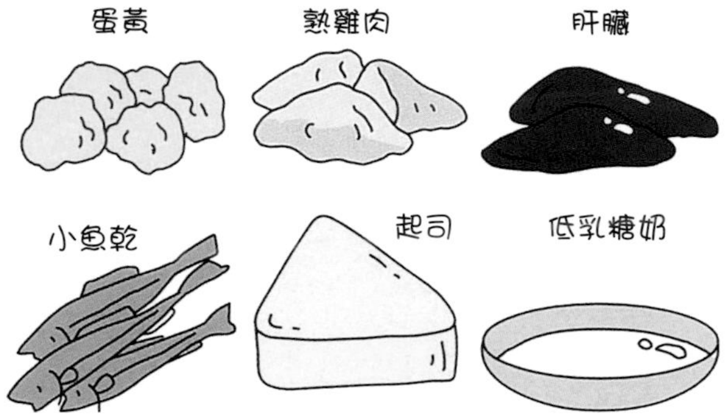

藉由飲食，就能夠攝取到足夠的營養，給予點心是培養情誼的手段。可以給予專用點心或少量的水果乾及水果等。香蕉片點心1天1片即可。吃太多會導致肥胖，要注意。

營養輔助食品

市面上有販賣雪貂專用的營養輔助食品和綜合維他命劑，但是只要正常餵食，就不必依賴這些食品。如果是高齡、懷孕、育兒或生病時，則要得到獸醫的許可後再給予。

理想的餵食次數是1天5～9次

雪貂的消化管較短，食物通過消化管的時間只要2～3小時，所以1次的食量並不多，具有少量多餐的習性。

雖說1天餵食5～9次比較理想，但是實際上很難辦到。不得已時，只要1天2次早晚餵食即可。

只能給予少量點心

肉食動物的雪貂無法消化食物纖維，給予水果或水果乾等點心時，要將其切碎。即使是市售的專用點心，也只能少量給予。

1天的菜單

- 雪貂專用飼料
  公 50～70 克　母 40～60 克
- 動物性蛋白質　少量
  分 5～9 次餵食

如果難以辦到，早晚各給予1次也可以。（早上少給一些，傍晚多給一些）

雪貂能夠吃的食物

主食　雪貂專用飼料

營養成分的標準

粗蛋白	30～35％左右（幼雪貂少一些，老雪貂多一些）
粗脂肪	15～20％
粗纖維	3％以下

市售的雪貂飼料有很多種，最好以上述營養成分的目標爲選擇標準。基本上是「高蛋白、高脂肪、低纖維」。水分較多的食物易生成牙結石，所以乾飼料比半濕飼料的罐頭更好。

點心　專用點心、水果等

重點～ ONE POINT

這些食物要注意！

蔬菜和水果含有較多的食物纖維，容易消化不良引起下痢。生肉有感染寄生蟲和細菌的危險，不可給予。此外，有些觀葉植物具有毒性，放養在室內時，不可讓牠吃到這些危險植物。

只要時間許可 就盡量和牠玩

活潑好動的雪貂是遊戲高手，會玩球等各種玩具。只要牠不覺得累，就盡量和牠一起玩。

學會安全的抱法最重要

首先溫柔的叫喚牠，然後將慣用手手掌悄悄的抵住雪貂的胸下抱起牠，另一隻手則支撐腰到後肢的部分，讓雪貂的臉貼在自己的胸前。

放開牠時，維持抱姿，慢慢蹲向地面，鬆開抱住牠的手。直到雪貂四肢著地步行，飼主才能夠完全離手。

正確的抱法

抱牠之前，要先溫柔的出聲叫喚，出其不意的突然抱起牠，會讓牠嚇一大跳。

雪貂愛咬人的理由

雪貂在小時候，如果有被人類激怒、毆打或不愉快的體驗，會成為牠動不動就咬人的原因。

只要耐心的與牠溝通，建立良好的友誼，就能夠逐漸改善這種愛咬人的癖性。

重點

ONE POINT

這些行為絕對禁止！

雪貂的體型纖細，採用勉強的抱姿，容易引起脫臼。尤其拉牠的尾巴，更容易造成骨折和脫臼。為了求取平衡，要用雙手抱牠。

多花點時間陪牠玩

雪貂的睡眠時間很長，但是只要眼睛沒有閉上，就一刻也靜不下來。富於社交性，是愛玩的動物。長時間被關在籠子，會因爲壓力而造成身體狀況失調。因此進行富於遊樂性的運動，對於維持健康而言是必要的。

當雪貂想要玩樂時，就會活蹦亂跳，想要藉此吸引對方的注意。發出這種訊息時，請犧牲一點時間陪牠玩。

只要在室內玩耍，就能夠得到足夠的運動效果。除了利用市售的專用玩具之外，也可以藉著左圖簡單的玩具和牠一起玩樂，相信你會被牠逗得開心不已。

天氣好的日子利用牽繩或吊帶帶牠到戶外散步

雪貂能夠接受牽繩或吊帶，在天氣好的日子，可以像遛狗一樣帶牠外出散步。

散步途中，雪貂可能一溜烟的就鑽入洞穴或縫隙中遲遲不肯出來，這種事情屢見不鮮。此外，也要以安全第一爲考量，注意往來的車輛。

嘗試玩這些遊戲

將包巾等輕輕的蓋在雪貂的身上，溫柔的壓牠，牠就會在包巾中竄動，不肯出來，準備和主人玩躲貓貓遊戲。

晃動織紋較細的布，牠就會立刻跳過來緊咬著布不放，準備和主人玩拔河遊戲。

晃動前端綁有鈴噹的玩具，牠就會迅速飛撲過來咬著玩具，要選擇不會讓雪貂受傷的玩具。

雪貂可能會走丟，所以要在吊帶上寫下飼主的姓名與電話號碼。

細心照顧就不必擔心氣味的問題

雪貂會散發獨特的氣味，但是只要細心、正確的護理身體並勤於清理籠子，就不必擔心氣味的問題了。

籠子每天簡單的清理1次

每天簡單的清理1次籠子，更換便盆的砂，清洗飲水器和食盆，給予乾淨的水和新鮮的食物，同時保持吊床或睡袋的清潔。

雪貂能夠乖乖的接受排泄訓練

雪貂習慣在籠子內或房間角落排泄，只要在角落放置便盆，牠就會固定在該處排泄。在尚未完全記住排泄場所之前，可在便盆內殘留一些排泄物。

雪貂在醒來的15分鐘內會排泄，所以要掌握這個時機進行訓練。要耐心的教導牠，直到牠學會之後，你就可以鬆一口氣了。

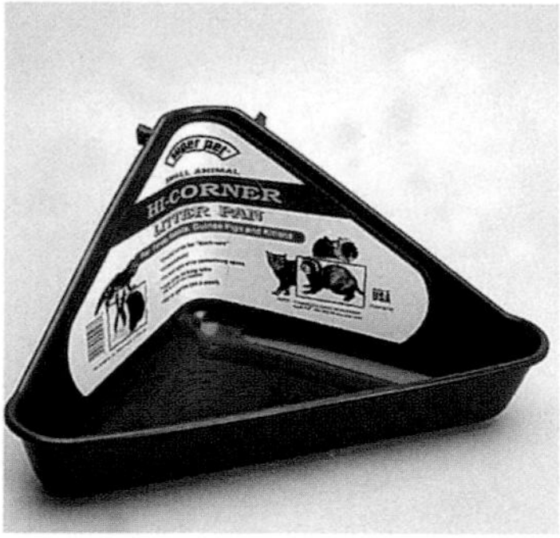

爲雪貂選擇入口低、後壁及兩側較高的專用便盆。

重點～
ONE POINT

要接受預防接種

雪貂會感染犬心絲蟲病或犬瘟熱病等會致命的疾病（參考150～151頁），要和獸醫商量，接受疫苗注射加以預防。

雪貂的身體照顧

●洗澎澎

雪貂的肛門腺、生殖腺及全身的皮脂腺會散發臭味，即使動過肛門腺切除手術，也無法完全消除體臭。不過，這個問題可經由洗澡加以改善。

可以使用專用沐浴劑，但是不可過度洗澡。夏天每隔20～30天洗1次，冬天50～60天洗1次。

●剪指甲

指甲太長時，容易鉤到地毯而造成危險，要利用貓、狗專用的小型指甲剪爲牠剪指甲。

●固齒

雪貂的口很小，要爲牠刷牙並不容易。爲了預防蛀牙，要給予專用飼料以避免牙結石附著。

●梳毛

在換毛時期，要仔細的爲牠梳毛。市售的噴霧劑能使毛色看起來充滿光澤，但這只是外表上的修飾而已，不必刻意準備。

●清理耳朵

可以使用專用的潔耳劑，1個月1～2次爲雪貂清理耳朵。

洗澎澎的順序

盆子內放入溫水（35℃左右），用溫水澆淋身體，避免臉部碰到水。

沐浴劑先倒在手中，再塗抹於雪貂的身上，用溫水揉搓起泡，細微處要用手指仔細清洗。

在盆子內沖洗，如果因爲害怕而想要掙脫，那麼用蓮蓬頭沖洗也 OK。

洗淨後，用大毛巾輕輕的吸除四肢和尾巴的水分，然後再用吹風機吹乾。

雪貂的繁殖要三思而後行

雖然雪貂寶寶很可愛，但是繁殖起來既費事又花錢，事前要考慮清楚，以免後悔莫及。

首先要得到未接受去勢或避孕手術的公、母雪貂

前面提及，市售的寵物雪貂幾乎都已經動過去勢或避孕手術。想要繁殖時，就要先找到未動過手術的雪貂。

剛出生的雪貂寶寶要進行切除肛門腺的手術等，考慮到這些問題後，如果仍然想要培育可愛的雪貂寶寶，那麼就可以嘗試進行雪貂的繁殖。

①相親・交配

出生8～12個月以後到3歲以前是適合繁殖的年齡，在3～8月的繁殖期，會出現發情的訊息，首先要將公、母雪貂的飼養籠拉近距離，讓牠們相親。相親成功後，很快的就會進行交配，交配情景相當激動、粗暴。

②懷孕・生產

懷孕期間爲42天左右。這段期間要讓母雪貂安靜的待在籠子裡。籠子內放入生產用的窩巢，四周覆蓋布，讓牠心平氣和。1胎能夠生下2～17隻的小雪貂，平均爲8隻。

③雪貂寶寶的成長

剛生下時沒有毛，眼睛閉合。2～3天內開始長毛，2週內毛就已經長全了。4～5週後，可以將飼料用水泡軟後餵食，做好斷奶的準備。

1個月內，耳朵和眼睛都能夠完全張開。

雪貂寶寶們擠在一起互相取暖。

5

和花栗鼠一起生活吧！

迷人可愛、魅力四射的野生動物

長尾巴、骨碌碌的大眼睛，靈活的前肢做出可愛的動作，相當討喜，但是強烈殘留野生動物的習性，和其惹人憐愛的外觀有很大的差距，要了解其生態與個性後再飼養。

利用長長的尾巴當被子，蜷曲身體睡覺，冬眠時也是採取這種睡姿。

全身拱起縮成一團睡覺

花栗鼠擁有一雙發達的前肢，會利用它來捕食。

利用前肢扒抓種子進食

百看不厭的可愛小動物

搖著長長的尾巴、動作敏捷的花栗鼠，個性活潑好動，會利用前肢扒抓食物來吃，精神十足的玩耍姿態，讓人不想移開視線。

可愛的睡姿更是打動人心，全身蜷曲，縮成一團，用牠那長長的尾巴當被子蓋。

日行性動物 較能夠配合人類的生活規律

倉鼠、兔子是夜行性動物，但是花栗鼠則爲日行性動物，和人類一樣，早晨醒來，白天活動，夜晚睡覺，具有能夠配合人類生活規律的優點。

白天長時間待在家中的人或生活習慣早睡早起的人，適合飼養花栗鼠。

在高樹上總是可以看到花栗鼠東奔西竄，行動敏捷。養在室內時，會隨意的上下窗簾玩耍，要注意。

動作靈活自由的穿梭在樹枝間

熟識後就能放在手上把玩

警戒心強，要花較長的時間與牠培養親密互動的友誼，一旦建立親密關係後，就可以放在手上把玩。

熟識後就可以放在手上把玩

花栗鼠是非常膽怯、神經質的動物，但是如果從小就耐心的親近牠，等到熟識後，就可以放在手上把玩。

在尚未建立親密的關係之前，不可粗暴的抱牠。

充滿接近大自然的野生氣息

與兔子、雪貂等家畜化的動物不同，花栗鼠即使被飼養在家中，感覺上也好像生活在遙遠山上的森林中一樣。是一種野性的動物，從牠的身上可以感受到大自然的野生氣息。

背部的條紋與膨鬆的長尾巴是註册商標

花栗鼠的背部有5條紋路，可以立刻和其他松鼠區別。有些花栗鼠乍看之下是白毛覆身，但細加觀察，依然可以看到背上的條紋商標。

花栗鼠的同類包括草原松鼠等多種

松鼠和倉鼠都是屬於齧齒目的動物，廣泛分布於地球上，種類多達250幾種。

日本松鼠、台灣松鼠、中國松鼠等松鼠的同類都在樹上生活，而花栗鼠雖然在地上生活，但是擅長爬樹，所以應該算是介乎兩者之間，另外也有只生活在地上的松鼠。

當成寵物飼養的松鼠除了花栗鼠之外，還包括最近人氣指數節節上升的草原松鼠。另外，在空中飛翔的飛鼠也是松鼠的同類。

背部的條紋花樣不是普通的裝飾品

在日本北海道棲息著蝦夷花栗鼠，但是在日本寵物店所販賣的花栗鼠，則多半是從韓國與中國大陸進口，其中的8～9成來自野生品種。

依分布區域的不同，名稱也不同，但身體具有共同的特徵，也就是背部都有5條紋路，這是花栗鼠的標幟。這些紋路是爲了便於在野生時躲藏在草地中或樹枝間，不被天敵發現而形成的。

重點 ONE POINT

花栗鼠很難回到野生環境中

以人爲的方式帶回以往未曾棲息過的地區並在該處繁殖的「歸化生物」，最近成爲眾人討論的話題。歸化生物具有破壞該地區生態系的危險性，寵物花栗鼠原本不曾在國內棲息過，所以絕對不能夠讓牠回歸到野生環境中。

DATA
- 原產地　歐亞大陸的西北部和西伯利亞到中國、韓國等地，還有日本的北海道
- 體長　頭部～軀幹約 14 公分
  尾巴長度約 12 公分
- 體重　70～120 公克

花栗鼠

背部有 5 條茶褐色的紋路，眼睛四周爲白色。兩頰有頰囊，可以用來藏塞食物，當成寵物飼養的是亞種的韓國花栗鼠（毛色較深）以及中國花栗鼠（毛色較淡）。

尾巴和軀幹大致等長，但是毛量不多。

兩眼各自掛在臉的兩側，是爲了要利用廣大的視野偵查四周動靜，保護自身免於天敵之害。

白色花栗鼠

爲花栗鼠的變色種。全身覆蓋白毛，但仍然可以清楚的看見背部有 5 條淡褐色的紋路，和花栗鼠一樣都是黑眼睛，而且生態與性格也和花栗鼠相同。

從頭頂到尾巴前端都覆蓋白毛。

擁有敏銳的眼、耳、鼻

前肢能夠靈巧的扒抓東西，生活在地上的花栗鼠也是爬樹高手，會在地中挖洞築巢，身體能夠適應地上或樹上的生活。

被毛

冬夏兩季換毛，體毛膨鬆，保溫力佳。背部的5條紋路一直延伸到尾巴根部。

牙齒・口腔

門齒上下各2顆，共有22顆牙齒，終生不斷的生長。力道強，能啃堅硬的樹木果實，小心被牠咬到。

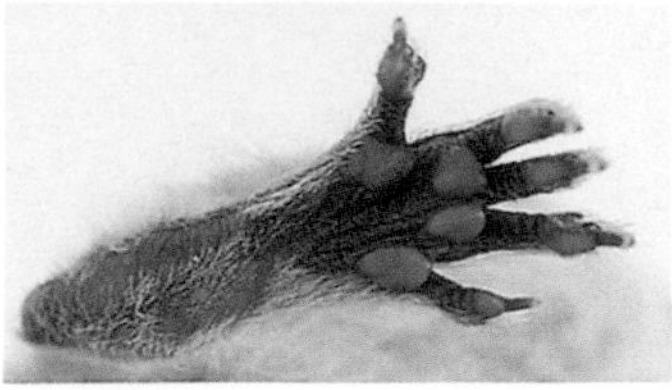

後肢

有5趾，較前肢更長、更大、更有力。和前肢一樣擁有尖銳的爪子，有助於支撐在樹上的身體。

尾巴

幫助身體在樹上取得平衡，同時也會利用尾巴和同伴傳遞訊息。此外，尾巴脆弱易斷，不可任意抓牠的尾巴。

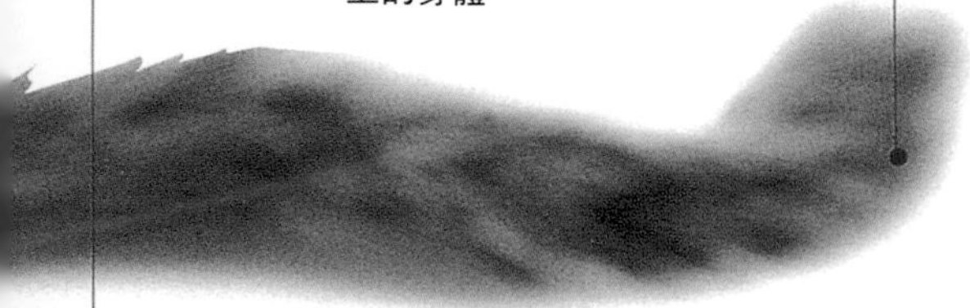

公與母的分辨法

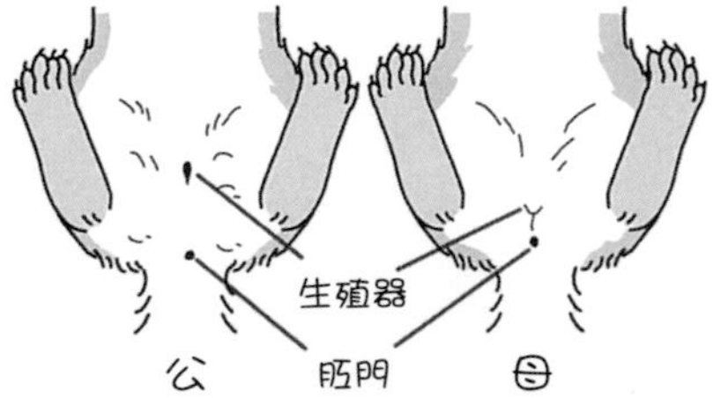

公鼠的生殖器與肛門之間的距離大於母鼠，公鼠在下腹部的皮下有陰莖，母鼠則有8個乳頭。

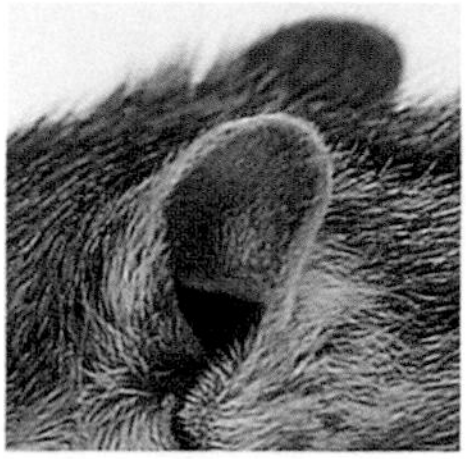

能夠分辨敵我的叫聲。爲了適應地洞中的生活，耳朵比在樹上生活的松鼠更小。

眼睛

日行性動物，所以看得很清楚。對於枝頭之間的跳躍移動距離測得很準，上下及色彩感覺極佳，視野廣闊，除了頭部後方看不見，幾乎能夠看清四面八方。

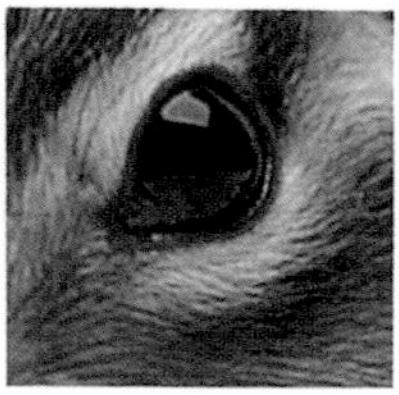

鼻子

爲了找尋藏在地底下的食物，因此擁有敏銳的嗅覺。在繁殖期，也是公鼠找尋母鼠的利器。

耳朵

鬍鬚

鼻子到口唇四周布滿鬍鬚，藉此能夠測量洞穴的大小與到洞口的距離。

頰囊

左右的頰囊可以藏塞食物，將食物運送到安全的場所，兩側頰囊各自擁有可以藏塞 2～3 個橡子的空間。

前肢

有 4 趾，能夠靈活的扒抓食物，尖銳的爪子能夠挖土與攀抓樹枝。

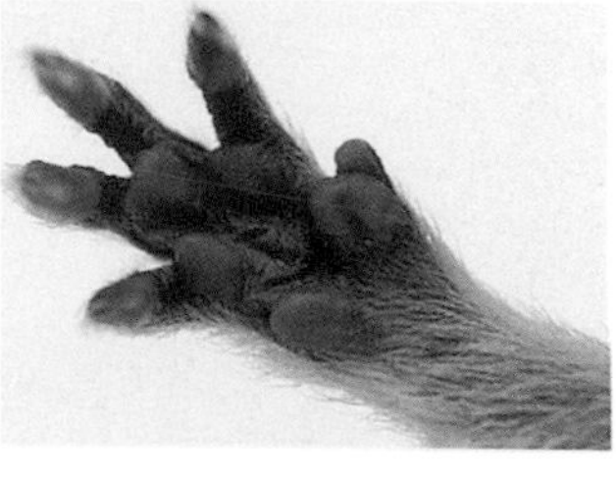

身體 DATA

- 體溫　37.0～39.5 度
- 呼吸數　40～120 次／分
- 心搏數　320～400 下／分
- 壽命　5～10 年

活潑好動，要爲牠準備高而寬敞的籠子

松鼠的運動量很大，請爲牠準備高而寬敞的籠子，同時也要放入可供牠休息的鼠窩，以及攀爬樹木等配備。

要有這些配備！飼養配備一覽表

●鐵籠	●鼠窩、窩料
●樹枝	●溫度計、濕度計
●攜帶型籠子	●食盆
●滾輪（配合必要使用）	●保暖器
●鋪料	●飲水器（瓶子型）
●便盆（配合必要使用）	

籠子飼養的配備

理想的鐵籠面積
寬 20～30 公分×深 20～30公分×高60公分以上

●溫度計、濕度計
安裝在不會被咬到的較高位置。

●樹枝
藉著磨哨防止指甲或牙齒的增生，最好斜置於籠內，要選擇無毒、帶有樹皮的成年樹。

●滾輪
要配合體型的大小選擇縫隙較小的滾輪，以免夾到腳。不使用時，最好卸下取出。

●飲水器
安置在松鼠站立時可以喝到的高度，要選擇堅固耐咬的材質。

●食盆
使用富於重量且不易打翻的陶器製品，亦可使用嵌入式或壁掛式的食盆。

●鋪料
底部鋪上墊子或報紙，也可以放入能夠食用的牧草或木屑等。

●鼠窩
用以窩藏或休息，因爲野生時是在地上生活，所以直接安置在底部即可，不過裡面要放入乾草或木屑等築窩材料。

也過著樹上生活 要準備高度足夠的籠子

花栗鼠是野生單獨生活的動物，所以原則上要單獨飼養。不過因爲個性活潑好動，因此就算是只飼養1隻，也要爲牠準備高而寬敞的籠子。

籠子的空間不夠，運動不足，會產生壓力，準備具有2～3層樓高的松鼠專用鐵籠最合適。

動作靈活 要做好逃脫對策

花栗鼠是動作相當靈活的動物，甚至會自行打開籠子的門逃脫，所以最好利用鐵栓等固定籠子的出入口。

籠子的鐵絲網太細時，可能會被咬斷而脫逃，所以要選擇堅固耐咬的籠子。

需要擁有可以 休息與藏身的鼠窩

需要爲花栗鼠準備一個可以安心休息的鼠窩，文鳥或黃背綠鸚鵡用的木製鳥巢通氣性佳，尺寸也適合，可當成代用品使用。

裡面所放入的窩料，以乾草和木屑最適合，不要鋪布或大毛巾，以免尖銳的爪子鉤到而造成危險。

不需要滾輪或便盆的話 就不必準備

大多數的花栗鼠都對滾輪興趣缺缺，這時不妨將滾輪取出，讓牠有更多的空間可以活動，藉此能夠解決運動不足的問題。

如果沒有必要的話，也可以拿掉便盆。（參考119頁）。

選擇沒有濕氣、通氣性較好的木製鼠窩。

重點～ ONE POINT

夜裡籠子要蓋布

花栗鼠是日行性動物，所以夜晚的睡眠很重要。晚上房間要關燈，籠子上蓋布，讓光線變暗一些。同時爲了調整體內的平衡，一天的明暗時間要各爲12個小時。

以飼料和種子類爲主食並補充動物性蛋白質

松鼠是雜食性動物，要攝取各種食物以取得均衡的營養。給予太多的核桃、葵瓜子等會造成肥胖，要注意。

野生的花栗鼠吃各種食物

一般人對松鼠的印象是，牠是吃橡子和核桃的動物，不過野生的花栗鼠除了樹木的果實之外，也吃水果、野草及昆蟲等各種食物。生活在條件嚴苛的野生世界中，所吃的食物會隨著季節而改變，亦即會吃各種食物以維持生命。

寵物花栗鼠是以種子、穀類、飼料爲主食，同時也要添加蔬菜、水果、動物性蛋白質等副食。

種子類　低脂肪的種子較爲理想，像鴿子用的玉米、小麥、小米等，以及小鳥用的混合飼料都可以給予。雖然嗜愛葵瓜子或核桃等，不過，和野生花栗鼠所攝取的種子類相比，這些食物是屬於高脂肪、高熱量食品（參考下表），要控制攝取量。

葵瓜子或核桃含有較高的脂肪

葵瓜子、核桃與野生種子的成分比

種子	蛋白質	脂肪	碳水化合物
橡子	3.2	0.8	58.5
栗子	2.7	0.3	5.5
核桃	14.6	68.7	11.7
葵瓜子	19.9	56.4	2.7

蔬菜、水果、野草等

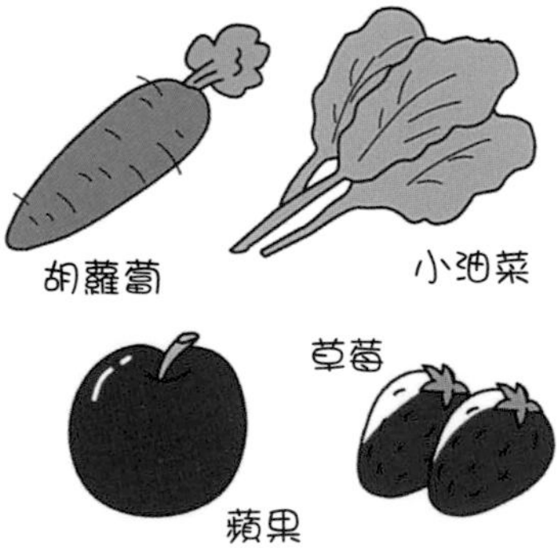

將新鮮的蔬果充分洗淨，去除水分，切成容易吃的大小後再餵食。馬鈴薯的皮或芽、長蔥、洋蔥、韮菜、菠菜有引起中毒的危險，不要給予。蒲公英、繁縷、苜蓿等野草則可以配合季節給予。

※還有其他的有毒野草，詳情請參考 80 頁。

1天1次 於早餐餵食

花栗鼠是日行性動物，因此要在每天開始活動的早晨餵食。有將樹木的果實或種子藏在鼠窩或籠子角落的習性，所以每天要清除腐爛的食物，更換新鮮的飲食。

同時也要換乾淨的水。

1週2～3次少量給予 種子或專用點心

模樣討喜的花栗鼠，會忍不住的讓人想要餵牠吃點心，而這也是培養彼此感情的一種方法。

不過，餵予太多的點心會成爲肥胖或內臟疾病的原因，像葵瓜子或專用點心，每週只能2～3次少量給予。

1天的菜單

給予體重3成的食物量，主食約25公克，蔬果等副食約5公克，兩者的比率爲5：1。

5：1

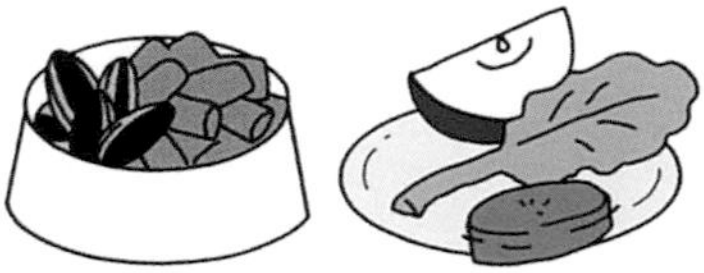

花栗鼠能夠吃的食物

主食 飼料

除了松鼠專用飼料之外，也可以使用倉鼠吃的飼料，要選擇口碑較好的廠牌，花栗鼠需要攝取比倉鼠更多的蛋白質，所以要選購蛋白質含量20％左右的飼料。不到1歲的幼鼠更需要補充蛋白質，所以要確認成分。

副食 動物性蛋白質

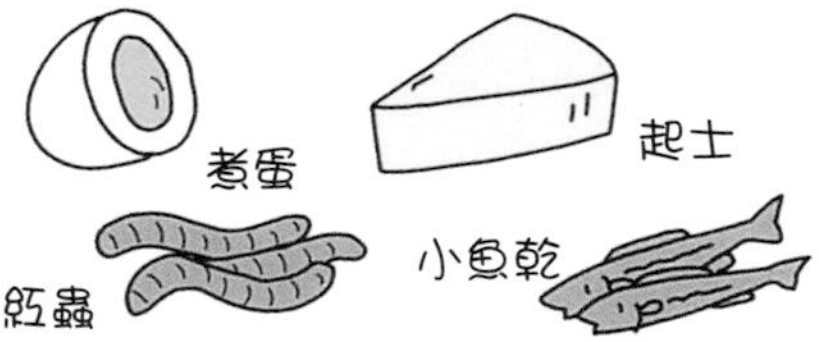

爲了補充容易缺乏的蛋白質，要經常給予動物性蛋白質，例如水煮蛋、薄鹽小魚乾、薄鹽起士、優格、小動物專用奶粉以及紅蟲等都不錯，另外也可以給予狗食或雪貂食物等。

重點～ ONE POINT 這些食物要注意！

花栗鼠特別愛吃穀類和種子，但是這些食物保存狀態不良時，就會發霉腐敗，必須要放在密封容器中。尤其花生殼一旦腐敗，就會產生具有致癌性的黃麴毒素，要謹慎處理。

耐心建立親密關係後就能夠放在手上把玩

花栗鼠不喜歡被碰觸，勉強的接觸會給牠造成壓力，要花點時間慢慢的建立彼此的友好關係。

絕對禁止勉強觸摸或拉扯尾巴

要和花栗鼠相處甚歡，就是不要做出令牠討厭的事情。

在野生世界必須面臨無數天敵的花栗鼠，警覺心敏銳，十分的神經質，尤其在睡覺及進食時，切勿觸摸或勉強抱牠。

此外，也不要拉扯牠的尾巴。花栗鼠在遭到天敵攻擊時，就好像爬蟲類斷尾一樣，會留下被抓住的尾巴的毛和皮而逃走。因此生活在野生環境中的花栗鼠，很多都是短尾。

當成寵物飼養的花栗鼠，一旦尾巴遭到拉扯時，也會斷尾，甚至連骨頭或肌肉都清晰可見。尾巴斷掉後就無法再生，所以要善待牠。

花栗鼠也有焦躁的時期

進入秋冬之際，小型的花栗鼠個性變得焦躁易怒，甚至具有攻擊性，會胡亂咬人，這是因爲領域意識逐漸高漲的緣故。越是與人親近的花栗鼠，這種勢力範圍的意識越強烈，但是不去在意牠反而能夠降低其攻擊性。

在1～3月時會因爲發情而情緒暴躁，但只要度過這段期間，就會恢復正常。

動作溫柔輕輕的把起牠

花栗鼠並不是天生就能夠讓你放在手上把玩的動物，在牠尚未拋開戒心時，最好不要抱牠。若是爲了檢查身體而必須移動牠時，最好先讓牠進入塑膠盒內再作業。

熟識後，可以嘗試用雙手輕柔的抱起牠。剛開始牠可能會咬你，所以要戴皮革或綿製等厚手套。

如果粗魯的抱起牠，會讓牠受到驚嚇而凶性大發，必須先溫柔的叫喚牠，讓牠知道你的存在後再輕柔的抱起牠。

無法抱在手上「搭在肩上」也OK

花栗鼠人見人愛，很想把牠放在手上把玩。但這可不簡單，必須要按照以上的順序先嘗試看看。

如果牠不肯被你捧在手心，但卻願意在你的肩膀或頸部上亂竄玩樂，那麼就不要勉強，讓牠「搭在肩上」玩耍也不錯。

放在手掌上把玩的秘訣

快的話 2～3 週，慢則要 1～2 個月的時間，才能夠放在手上把玩。
秘訣是在牠飢餓時給予食物，請耐心嘗試。

1 隔著籠子餵食

輕聲叫喚牠，直接用手餵牠吃東西。

2 將食物放在手上餵食

將食物放在手上，手伸入籠子內餵食。

3 讓牠在你的手上吃東西

將食物放在手中，讓牠自己跳到你的手上來吃東西。

重點 ONE POINT 叫聲多變的花栗鼠

花栗鼠會發出各種叫聲，例如提高警覺或發情時，會發出「丘嚕嚕嚕、庫哇庫哇」的聲音；遭到天敵攻擊而緊張時，會發出「叵叵叵」的聲音；在威嚇對方時，會發出「格魯格魯、戈戈」的聲音。

重視野生習慣 不要過度干涉

花栗鼠會自己整理毛，所以不必爲牠梳毛或洗澡。只要爲牠清理籠子，其他的則不必過度干涉。

照顧工作到中午就可以歇手

照顧工作要配合花栗鼠的生理時鐘來進行，也就是要重視牠白天活動、夜晚休息的規律。

在1天活動的開始，爲牠準備乾淨的食物和水，並利用其活潑好動的上午時刻清理籠子，吃剩的生食要在晚上清除。

夜晚是花栗鼠的休息時間，要將籠子放置在安靜的房間內，蓋上黑布，讓牠安心的睡覺。

打掃時要小心松鼠溜走了

花栗鼠不耐濕氣，一旦鋪料或築窩材料被排泄物或食物殘渣弄髒時，就要立刻更換。同時，要將鼠窩中容易引起傷害的東西丟掉。

更換鋪料時，要先在攜帶用籠子內放入牠喜歡吃的食物，然後讓飼養用籠子與攜帶用籠子的出口相對。

接著，打開兩個籠子的出口，輕敲飼養用的籠子，誘導牠進入攜帶用籠子中，並關上入口；等到鋪料換好之後，再以同樣的方法將牠趕回飼養用籠子內。

在掃除之前，要先將房間的門窗關好，以免牠逃跑出去。

廁所訓練不必太勉強

野生的花栗鼠有在固定場所排泄的習性，可以利用這種習性，對寵物花栗鼠進行廁所訓練。

但是往往事與願違，這時就不要放入便盆，只要經常清理籠子即可。

公的花栗鼠爲了顯示自己的領域性，會用前肢抓住籠子的柵欄，對著籠子外面噴尿，所以最好在籠子周圍鋪上墊子或報紙。

不必特別梳毛或洗澡

花栗鼠很愛乾淨，會經常整理自己的毛，保持身體的潔淨。而且十分的敏感，勉強爲牠梳毛或放入水中洗澡，會讓牠驚慌失措，極力想要掙脫。

身體的清潔工作還是交給花栗鼠自己去處理吧！這樣大家都不會麻煩。

給予樹枝磨爪能防止爪子過度增生

爪子過長的原因是摩擦不足，將樹枝放置在籠子內，藉由攀爬運動就能夠磨爪，避免爪子太長。

如果還是太長，就要請獸醫代爲修剪指甲。要替體型較小的花栗鼠剪指甲需要技巧，一般人可能做不好而傷到小動物。

重點～

ONE POINT

冬眠對策的重點是體溫

野生的花栗鼠會冬眠（詳細參考68頁），但是飼養的花栗鼠要避免讓牠進入冬眠的狀態，體溫或呼吸數下降的冬眠，對花栗鼠有致命之虞。此外，從冬眠狀態中清醒時，體溫要在短時間內上升到30度左右，所以需要得到較多的熱量。

有些冬眠的動物如果不冬眠就無法繁殖，但是花栗鼠則沒有這個問題，所以當成寵物飼養的花栗鼠，其冬眠的行爲眞是百害無一利。

爲了避免發生冬眠的狀態，室溫要保持在18度上下，不光是室內的暖氣，連籠子下都要放置保暖器，做好萬全的保暖對策。

1年只有1次繁殖季節 要有計畫的進行繁殖

出生1年後的花栗鼠就具有繁殖力，基本上是單獨飼養的動物，因此，要事先考慮清楚出生後的鼠寶寶，是要自己飼養或轉送他人，然後再進行繁殖。

12月是不冬眠寵物花栗鼠的發情期

花栗鼠是季節繁殖動物，在野生環境中，從冬眠中甦醒的4～5月是繁殖期，但是當成寵物飼養的花栗鼠，在12月就會出現發情徵兆，且持續到3～4月爲止。有繁殖的打算時，就要把握這個時期。

發情的花栗鼠會發出「吱、吱」的叫聲，反覆出現側跳或後轉等動作，同時好像打嗝一般的在原地抽動，或視線老是停留在一個定點，展現各種異於尋常的舉動。公的花栗鼠睪丸變大，母的生殖器泛紅、腫脹。

①相親・交配

傳出發情的訊息時，就要讓公鼠與母鼠的籠子比鄰而居，先進行相親，如果母鼠發出「咕嚕、咕嚕」的叫聲，那麼就選在這一天讓牠們進入洞房進行交配。

②懷孕・生產

結束交配後，各自回籠。懷孕期間爲28～35天，交配後20天左右，腹部就會隆起。懷孕期間，要給予高營養的食物，將籠子安置在黑暗、寧靜的場所。直到生產之前，盡量不要移動籠子進行清理工作。

③鼠寶寶的成長

1胎可以生1～8隻，平均爲4～5隻。剛誕生的小花栗鼠眼睛看不到，全身無毛。1個月左右，就會從鼠窩中探出頭來，也可以開始吃母乳以外的食物。

出生2個月後就可以斷奶，離開母親獨立飼養。

6

和天竺鼠一起生活吧！

個性溫馴，是能夠慰藉人類心靈的治療師

在動物園和小學校園內經常可以看到個性穩重的天竺鼠，動作也是不急不徐，容易照顧，能夠輕鬆飼養，最近被暱稱爲「荷蘭鼠」。

同伴之間和樂融融

天竺鼠在野生環境中是過著群居生活，只要有同伴在身邊就深感安心，所以能夠共同飼養。

個性溫馴容易親近

天竺鼠的個性溫馴，動作慢條斯理，模樣相當討喜。

可以當人類的好朋友，不會咬人，叫聲細小，而且不像倉鼠和花栗鼠一樣喜歡往高處爬，是男女老少都能夠安心飼養的小動物。

有一定的體型大小容易處理

體型較倉鼠略大一些，身上的肉也較多，抱在懷中很舒服，平均壽命爲6～8年。如果希望所飼養的寵物能夠活更久一些的人，建議你飼養天竺鼠。

但是戒心較重，突如其來的驚嚇可能讓牠喪失小命一條，要小心。

天竺鼠的嗅覺敏銳，會使用敏感的鼻子覓食，同時也能夠藉由氣味分辨敵我關係。

利用臀部的皮脂腺留下氣味，這也是寵物天竺鼠經常展現的行動。

多花點時間和牠建立情誼之後，就能夠和人類互通心意。藉著舒服的擁抱，能夠建立親膚關係。

能夠共同飼養 同伴之間和樂融融

天竺鼠具有群居生活的習性，能夠共同飼養。同伴之間共同玩耍和互相擁擠在一起睡覺的模樣，相當可愛討喜。

不過，繁殖力甚强，公母共處一室，公鼠之間可能會爲了母鼠爭風吃醋而互咬。因此，若要共同飼養，建議只養母鼠較爲妥當。

包括被毛美麗的長毛種與觸感極佳的短毛種

天竺鼠有各種不同的毛，包括膨鬆的長毛、捲毛，以及如絲緞般的短毛等，顏色則有白、黑、褐色等單一毛色或混合色等，各具特色，引人注目。

被毛大致分爲4型

天竺鼠成爲飼養動物的歷史相當悠久，在西元前一千年就已經家畜化了。從18世紀開始，被當成珍貴的實驗動物，後來又成爲受人歡迎的寵物。基於以上的背景成爲飼養動物，進行各種品種改良，現在毛色是其變化最豐富的地方。

目前，當成寵物飼養的天竺鼠大致分爲4種，包括英國改良的短毛種英國天竺鼠，以及毛質柔軟、充滿光澤的美麗長毛天竺鼠，還有外型十分可愛的捲毛天竺鼠，和相當具有特色的無毛天竺鼠等。不論哪一種，體型和性格都大同小異，可以依毛色或手的觸感等，來選擇你所想要的天竺鼠。

捲毛天竺鼠

在英國被改良成玩賞用的品種，觸感較硬的捲毛爲其特徵。毛約4～5公分長，屬於短毛種，全身有10幾處旋渦狀的毛旋，在換毛時期要經常爲牠梳毛。

毛色包括白、黑、褐色、巧克力色、奶油色等單一色，以及雙色、三色的組合，富於變化。

DATA

- 原產地　英國（改良品種）
- 體長　21公分左右
- 體重　約1.2公斤

英國天竺鼠

由 3～4 公分的短毛所覆蓋，毛質光滑，觸感滑溜，外形比捲毛天竺鼠更像天竺鼠，毛色豐富，不過，以茶褐色和黑、白混合的三毛色較多見。

DATA
- 原產地　美國、英國（改良品種）
- 體長　21 公分左右
- 體重　約 1.2 公斤

單色以白、黑、褐色較多見，單一白色的天竺鼠並不多見。

三色混合的三毛色最爲大眾化，健康的毛充滿光澤。

長毛天竺鼠

包括擁有如絲緞般柔軟的長毛及捲毛種，在法國巴黎改良成玩賞用品種，長毛種別名安哥拉，特別需要進行梳毛的照顧。

DATA
- 原產地　法國（改良品種）
- 體長　21 公分左右
- 體重　約 1.2 公斤

捲毛的長毛天竺鼠稱爲謝特蘭。

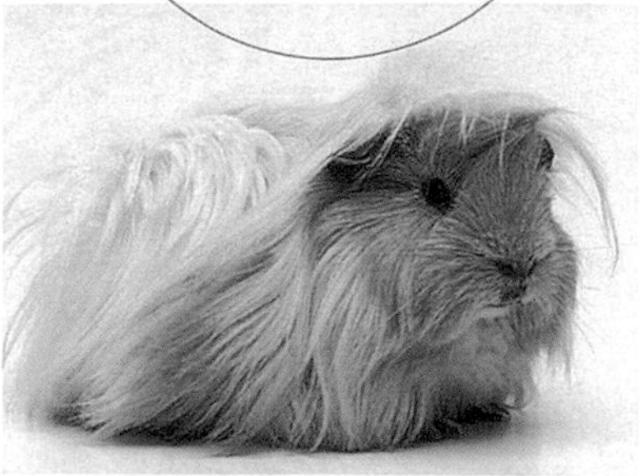

毛色多樣化，包括白、黑、褐色等單一色，以及這些顏色的混合色等。

無毛天竺鼠

爲實驗動物用的突變種。除了身體表面的一部分還殘留毛之外，全身幾乎無毛，不耐寒，在飼養時要注意保暖。

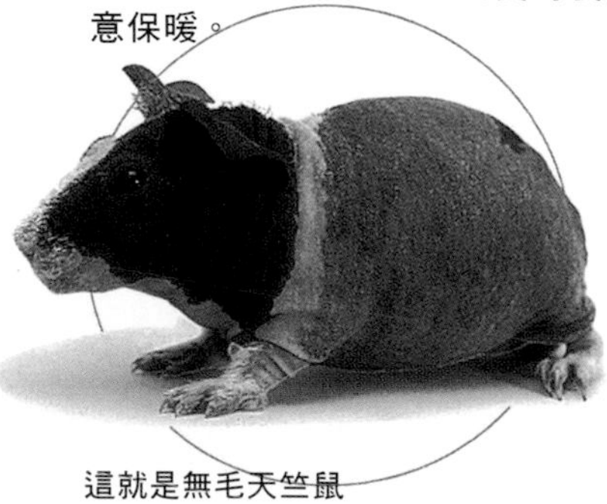

這就是無毛天竺鼠

體型渾圓 臉蛋可愛

頭部占體長的3分之1，短腿，可愛的造型總是令人莞爾一笑，但是尖銳的牙齒會咬傷人，要小心。

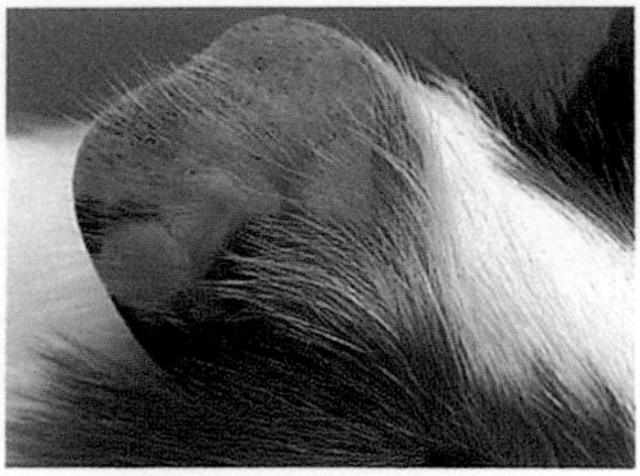

耳朵

小而圓的耳朵擁有敏銳的聽力。對於過著群居生活的天竺鼠而言，叫聲是一種溝通手段，聽到不尋常的聲音時，會豎耳傾聽，偵查四面八方。

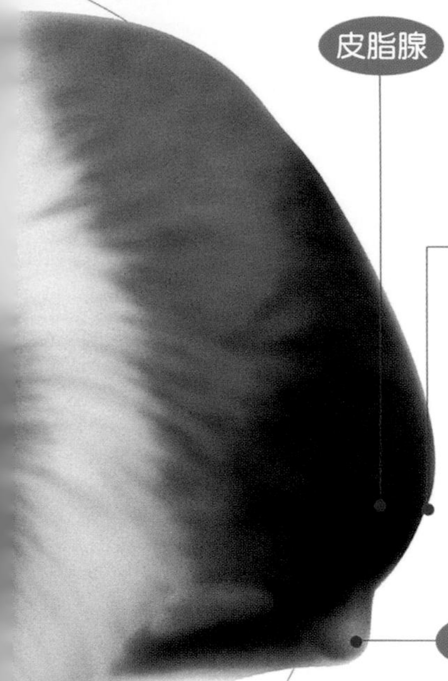

皮脂腺

從臀部散發分泌液，藉此讓物品殘留自己的氣味。寵物天竺鼠會用自己的臀部去摩擦鐵籠。

尾巴

外觀上好像沒有尾巴，但是體內卻殘留著尾椎骨。

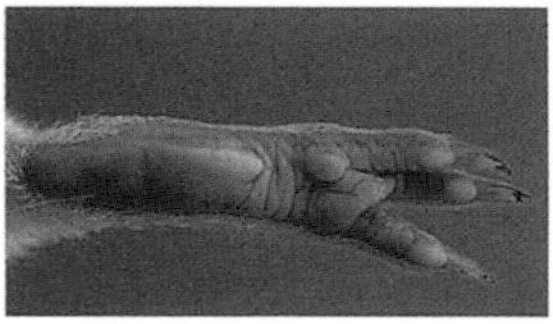

後肢

有 3 趾，朝外張開。雖然很長，但無法跳躍或用後肢站立。母天竺鼠的後肢根部有乳房。

公與母的分辨法

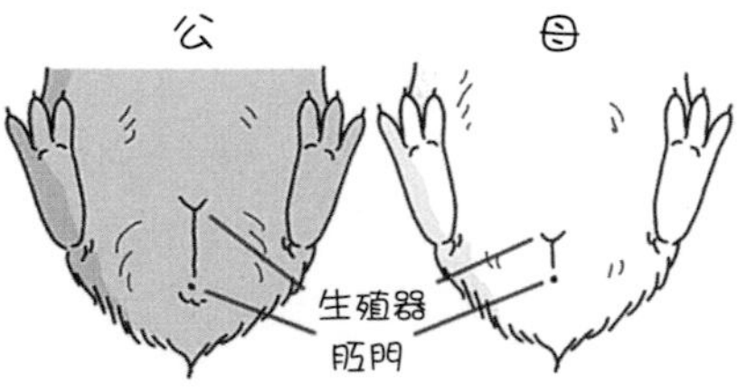

公鼠的體型比母鼠大一圈。沿著公鼠的生殖器兩側按壓時，可以看到細小的陰莖。成熟公鼠的睪丸很大，清晰可見。

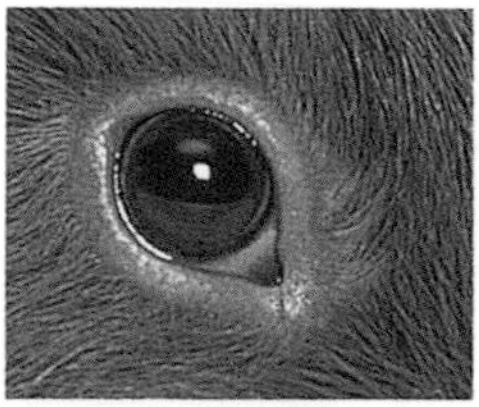

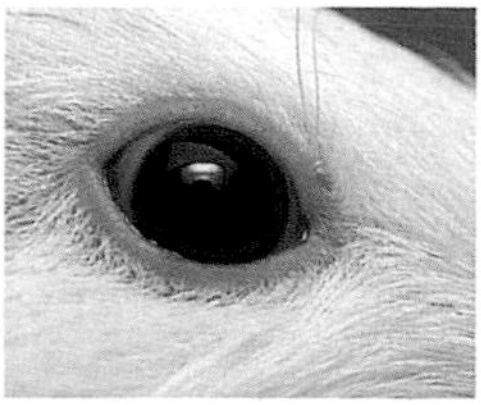

眼睛分別掛在臉的兩側，視野廣闊，擁有 360 度的廣角鏡頭，連來自後方的敵人都偵查得到。不過看不清楚遠處，也不具分辨顏色的能力。

眼睛

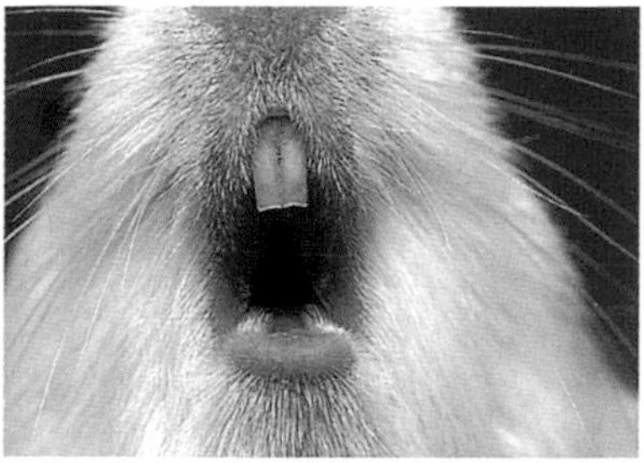

牙齒・口腔

共 20 顆，全都是恒齒，終生成長。上下門齒異常的尖銳，但與倉鼠不同，沒有頰囊。

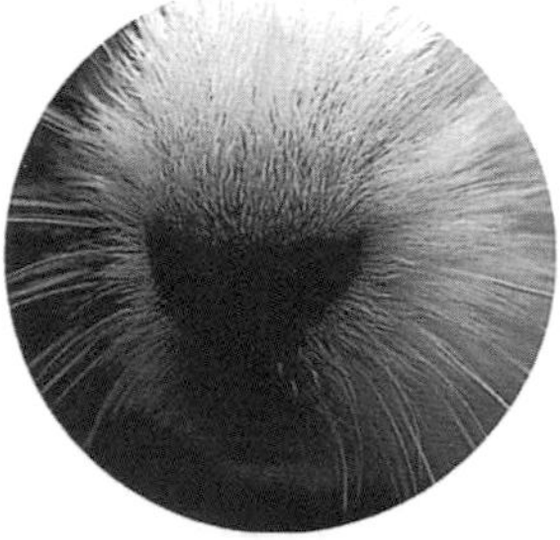

鼻子

十分敏感。利用皮脂腺所產生的分泌液顯示領域性，而鼻子則能夠分辨氣味。

鬍鬚

和耳朵、鼻子一樣的敏銳，能夠偵查環境，逃離險境。

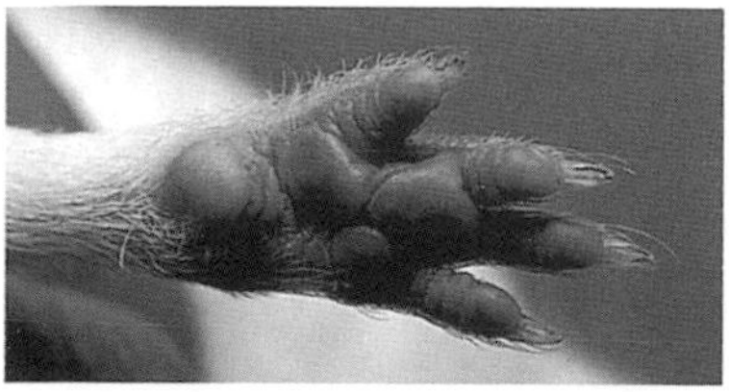

前肢

有 4 趾，與身體相比，顯得較小，不像倉鼠一樣具有扒抓物品的能力。

身體DATA

- 體溫　37.2～39.5 度
- 呼吸數　42～104 次／分
- 心搏數　230～380 下／分
- 壽命　約 6～8 年

活潑好動
要爲牠準備寬敞的空間

可以飼養在室內或戶外，但是不耐寒，所以還是用籠子飼養在室內比較安全。給予空間足夠的籠子，讓牠在裡面悠閒生活。

要有這些配備！飼養配備一覽表

●籠子	●便盆、廁所砂（配合必要）
●攜帶型籠子	●啃木
●鋪料	●柵欄
●鼠窩、築窩材料	●溫度計、濕度計
●食盆	●保暖器
●飲水器（瓶子型）	

籠子飼養的配備

●溫度計、濕度計
固定在不會被咬到的高處。

●上方的鐵網蓋
在 18～25 公分以上的高度時就難以逃脫，所以不要也無妨。

●飲水器
以瓶子型爲佳，會咬破水孔，所以要選擇堅固耐用的材質。

●啃木
防止牙齒過度增生。

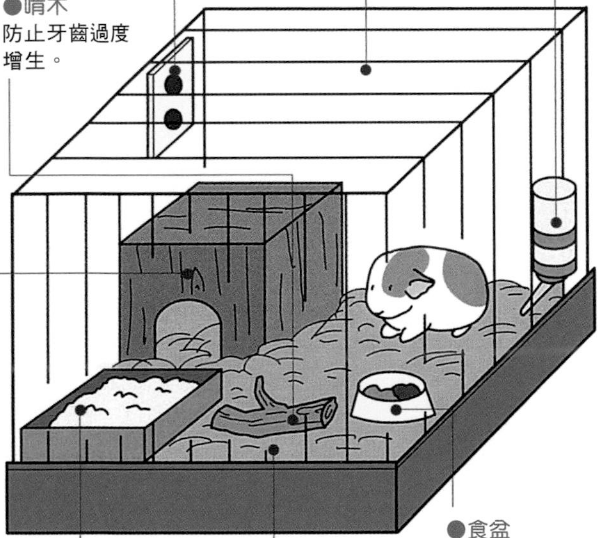

●食盆
喜歡將食物撒散在鋪料上來吃，所以要選擇具有重量感、穩定性佳的食盆。

●便盆
無法記住便盆位置時，最好拿掉不用。

●鋪料
排泄物較多，要選擇吸水性較好的鋪料。

●鼠窩
個性膽小，要爲牠準備能夠藏身的鼠窩，足以容身的木製品較爲理想。

理想的鐵籠面積
●單獨飼養時
寬 30×深 30 公分
側壁高度約 25 公分
※育兒時的母鼠則需要 2 倍大的空間

關在沒有蓋子的鐵籠內也不會脫逃

天竺鼠不具攀爬高處的本領，所以飼養在沒有蓋子的水箱或籠子內也可以安心。

但是排泄量較多，基於衛生面來考量，鐵籠通氣性佳，容易清理，所以比養在水箱內更爲理想。不過，爲了防止腳夠到鐵絲網而受損，必須在底部鋪上大量的墊料。

不一定要使用市售的天竺鼠專用籠子，也可以利用兔籠飼養。

個性神經質要慎選安置籠子的場所

天竺鼠的聽覺相當敏銳，所以要將籠子放置在安靜的場所。此外，不耐寒，故要考慮到夜晚保暖的問題。冬天要放入更多的築窩材料與鋪料，夜晚也要在籠子上覆蓋毛毯。

室外飼養的小屋要堅固耐用

天竺鼠可以室外飼養。在共同飼養的情況下，如果庭院的空間夠大，就可以飼養在室外。

爲了能夠進行觀察，前面一側要安裝鐵絲網。爲了便易清理，籠子的門要做得大一些。在飼養的小屋內可以進行隔間，放入大量的築窩材料，作成寢室。此外，爲了能夠防風擋雨或遮陽，屋頂的前端要稍微伸出一些。同時要安裝腳架，讓小屋離地一段距離。

飼養在室外時，要經常前去探視以了解身心狀況。

重點 ONE POINT

不要和兔子共同飼養

天竺鼠和兔子都是草食性動物，所以有的人想要共同飼養，但是兔子會將支氣管敗血症這種可怕的疾病傳染給天竺鼠，且兔子本身不會發病，而天竺鼠卻可能因此而罹患重病，所以要分開飼養。

給予專用飼料添加新鮮蔬菜和乾草

天竺鼠是草食性動物。市售的專用飼料營養均衡，要以此爲主食，再添加新鮮的蔬菜、野草和乾草。

以維他命C含量豐富的專用飼料爲主

野生的天竺鼠吃野草的根、莖、樹皮等，是完全的草食性動物。因此，要以食物纖維含量較多的專用飼料爲主食。

天竺鼠的體內本身不會合成維他命C，因此飼料中要特別強化維他命C。維他命C一旦與空氣或水接觸後就會遭到破壞，所以飼料一旦開封後，就要密封保存，並在短時間內吃完。另外，可以利用市售的維他命C營養輔助食品。

蔬菜、水果 參考下表，選擇維他命C含量較多的食品。天竺鼠1天的維他命C需要量爲5～20毫克／公斤。生病或懷孕時，更要大量補充。

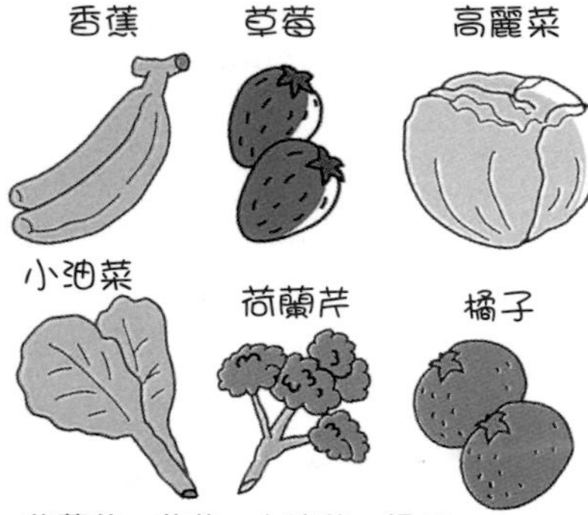

荷蘭芹　草莓　小油菜　橘子
高麗菜　香蕉等

維他命C含量較多的蔬果
（可食用處100g中的維他命C含量）

荷蘭芹	200mg
檸檬	90mg
草莓	80mg
奇異果	80mg
青椒	80mg
小油菜	75mg
菠菜	65mg
高麗菜	44mg
橘子	35mg
香蕉	10mg

野草 天竺鼠很愛吃野草，要供給牠沒有殘留農藥和排放廢氣污染的野草。不過有些野草會引起中毒事件，要小心（參考80頁）。

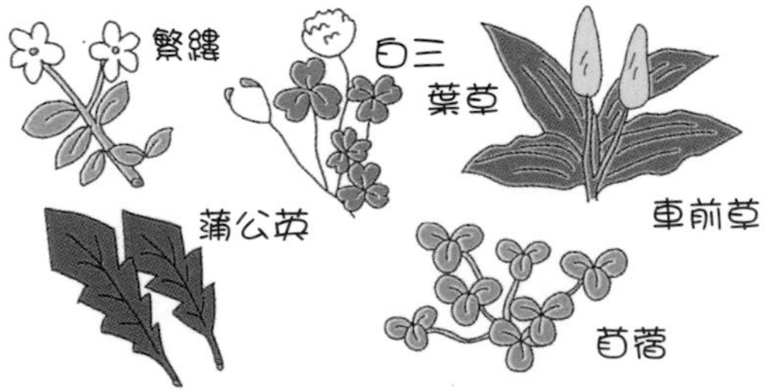

繁縷　蒲公英　車前草　白三葉草　苜蓿等

早晚2次 在想吃時給予食物

天竺鼠不會有進食太多的問題，所以能夠任其自由的進食，食物不足時再添加即可。

要經常準備以乾草爲主的新鮮蔬菜或野草，每天早晚餵予1次飼料，並記得供給乾淨的水。

只能給予少量的水果當點心

基本上可以不必給予點心，但是爲了建立友好關係，可以2天給予1次點心。

最好給予少量的蘋果、柑橘類或香蕉等以補充維他命C。水果中含有很多的糖分，不可過度供應。

1天的菜單

1天分2次共給予飼料20～30公克（請參考製品上的餵食標示量）。同時，適量的添加乾草、蔬菜或野草。

天竺鼠能夠吃的食物

主食 飼料

選購時，要確認成分標示，選擇接近以下數值的商品，最好使用維他命C強化型。

營養成分的標準

粗蛋白	18％左右
粗脂肪	3％左右
粗纖維	10～20％左右

副食 乾草

與其他的草食性動物相比，天竺鼠需要更多的蛋白質。豆科的苜蓿中含有豐富的蛋白質，要以此爲主加以補充。啃乾草能夠防止牙齒過度增生，也具有整腸健胃的作用。

重點 ONE POINT 這些食物要注意！

天竺鼠和兔子一樣，過度攝取澱粉質含量較多的飯或麵包等，會導致消化不良，所以要避免給予這類的食品。馬鈴薯的皮或芽，以及生豆、蔥、洋蔥、韮菜、酪梨等，都有引起中毒的危險，要注意。

溫柔對待讓牠安心

天竺鼠容易與人親近，但未必喜歡被人類擁抱。個性膽小，要耐心的等待牠對你拋開戒心。

個性膽小 要慢慢培養感情

天竺鼠是很容易受到驚嚇的動物，要先讓牠熟悉飼養環境，調整生活步調。

剛帶天竺鼠回家後，一定急於想要和牠成爲好朋友，但是要先讓牠安靜的去適應新的環境，並溫柔的叫喚牠的名字。

4、5天後，可以嘗試將食物放在手上，引導牠來吃。只要不認生，就可以順著毛向輕輕撫摸牠的身體。過了這一關之後，再進行抱牠的訓練，但千萬別勉強。

天竺鼠不喜歡仰躺被人觸摸自己的腹部，所以不要做這些令牠討厭的動作。

與天竺鼠親近的方法

1

先讓牠熟悉環境，再將食物放在手上餵食。

2

從頭朝尾巴方向順著毛向撫摸。習慣後，也可以摸摸牠的背部。

3

習慣被撫摸之後，再嘗試抱牠。手拖住牠的臀部，另一隻手在後面支撐天竺鼠的身體。

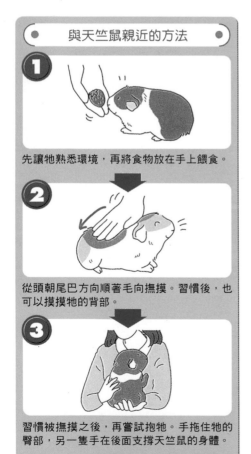

1天1次讓牠在房間內自由活動

過著群居生活的天竺鼠，很喜歡和同伴們一起玩樂。

人類的過度保護，反而會讓牠覺得不快樂。爲了解決運動不足的問題，每天要讓牠在室內玩30分鐘，不過要先確認室內的安全。

在戶外活動時要利用柵欄確保安全

在氣候穩定的春秋時節，要經常讓牠做戶外運動。利用家中庭院或附近公園沒有噴灑除草劑或殺蟲劑的場所，以柵欄圍成一個圓圈讓牠自由的活動。

如果日照強烈，則要爲牠準備遮陽的道具。利用空箱作成可以藏身的隧道，或是裡面放置樹枝，都能夠讓牠快樂的玩耍。盡量讓牠自由的運動，不要過度干涉。此外，要爲牠準備飲水。

爲了避免貓、狗等危險的動物靠近，飼主要守護在旁，同時也要確認周邊的植物是否安全。

天竺鼠難以抗拒強烈的陽光，做戶外活動時要注意。

重點 ONE POINT 從叫聲中解讀情感

天竺鼠會利用叫聲表達自己的情感，齧齒目動物很少會利用叫聲與同伴之間互表心意。

在感覺孤獨時，會發出「奎奎」的叫聲，並來到同伴的身邊；和同伴悠閒共處時，會發出「普伊普伊普伊」這種好像在聊天般的叫聲。不過音量很小，不會造成噪音。

天竺鼠之間彼此相處不睦時會互咬，大聲發出「吱吱」的叫聲，被人類勉強抱起來時，也會發出這種叫聲。此時，別去招惹牠，讓牠安靜的待在一旁。如果勉強抱牠，會讓牠因爲恐慌而休克致死。

勤於清理就不必擔心氣味的問題

天竺鼠的照顧並不麻煩，除了每天給予食物和水之外，也要簡單的清理一下籠子，長毛種一定要爲牠梳毛。

排泄量較多 1天要清理1次

天竺鼠不耐濕氣，如果不保持籠子內部的清潔，就容易生病。排泄物比倉鼠多，而且又不會記住廁所的場所，所以要經常更換鋪料。

除了每天更換墊料之外，也要將食盆和飲水器洗淨，重新給予新鮮的食物和水。1週要清洗籠子1次，進行大消毒。

要爲長毛種梳毛

天竺鼠自己會整理毛，不過如果是長毛種，就要特別爲牠梳理，但也不必勉強。

天竺鼠是很容易緊張的動物，如果因爲梳理毛而產生壓力、引起下痢，那可就得不償失了。

在春秋換毛時節要爲牠梳理毛。

有些天竺鼠不願意被碰觸

基本上可以不必洗澡，但是要修剪較長的指甲。

如果天竺鼠拚命抵抗，乾脆交由動物醫院來處理。

生下的鼠寶寶和父母長得一模一樣

天竺鼠是容易繁殖的動物，公母共同飼養時，鼠口就會不斷的增加，因此要有計畫的進行繁殖工作。

出生後3～4個月就具有繁殖力

母鼠在出生3個月後，公鼠在出生4個月後，爲繁殖適齡期。

但是爲了避免難產，母鼠在出生後3～6個月內交配比較穩當。

氣候穩定的春秋時節是適合繁殖的季節，要掌握時期來交配。如果是單獨飼養，就要讓牠相親。如果是飼養多隻，就讓公母同籠，等待鼠寶寶自然的誕生即可。

①相親・交配

讓公母的籠子比鄰而居，進行相親。母鼠一旦發情，情緒就會失控，生殖器紅腫，而且只要將手輕輕的放在牠的背部，身體就會拱起，擺出接受交配的動作。這時，公鼠和母鼠就可以同籠進行交配。

②懷孕・生產準備

母鼠會連續發情2～3天，如果這段期間交配成功，就要讓公鼠和母鼠各自回籠。

懷孕期間長達60～80天，在這段期間內，要充分給予蛋白質、維他命及鈣質含量較多的食品，也可以藉著營養輔助食品來補充維他命C。

懷孕中母鼠的窩要比平常的空間大上2倍，同時要放入大量的鋪料。

③生產

1胎可以生下1～6隻鼠寶寶，形態與成熟的天竺鼠沒什麼差別，體重約一百公克，一出生眼睛就能夠馬上張開，生下後1小時內就會開始走路，甚至能夠吃軟食。

④育兒與成長

雖說出生後立刻就能夠吃東西，不過，在最初的10天內仍以母乳哺養為佳，然後再少量的增加食物，出生後2週內就能夠斷奶，育兒中的母鼠特別需要大量的營養和水分。

出生後的2週內，鼠寶寶們總是黏膩在一起，不願意分開，所以不要勉強拆散牠們。

出生5週後，可以離開母親的身邊，和其他的天竺鼠一起生活，也可以利用這個時期分贈他人飼養。

鼠寶寶的成長

出生後1天 一出生就有毛和牙齒，眼睛也是張開的。

出生後2週 不再吃母乳，完全斷奶。

出生後5週 精力充沛的來回走動，可以離開母親，公母要分開飼養。

重點

ONE POINT 不想繁殖就別讓公母共處一室

母鼠生產後大約10小時就會發情、排卵，亦即產後可能又會立刻懷孕，不過這樣會耗損身體，必須等到體力復原後再懷孕。出生後3～4個月就具有繁殖力，如果沒有繁殖的打算時，要將公母分籠飼養。

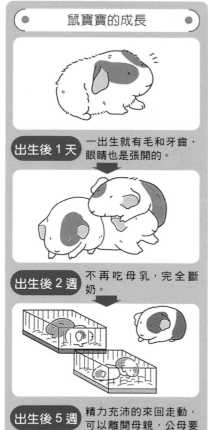

7

保護動物遠離疾病的侵襲

每天健康檢查就能夠掌握疾病的訊息

動物們不會表達自己身體的不適，所以每天要爲牠進行健康檢查。儘早發現疾病儘早治療，才能夠維護寵物的健康。

藉由每天的看護與玩耍掌握健康狀態

每天細心的看護寵物，就能夠遠離疾病，清潔的環境、營養均衡的飲食以及適度的運動，都是不可或缺的。

當身體不適時，一定會出現某些訊息，爲了掌握這些訊息，所以要做健康檢查。藉由修剪指甲、梳毛以及運動等，就可以發現疾病而儘早接受治療。

生活在野生環境中的小動物們，因爲必須要面對無數的天敵，所以具有隱藏疾病的特性。而每天對於飼養的寵物進行健康檢查，就能夠發現身體些許的變化。

利用活潑的時段進行健康檢查

倉鼠、兔子、天竺鼠、雪貂等是夜行性動物，從傍晚以後開始展現旺盛的活動力，所以要在充滿元氣的傍晚到夜晚這個時段，進行健康檢查。

花栗鼠是日行性動物，在很有元氣的上午就要觀察情況。

Check 1 毛色是否充滿光澤、美麗？

身體狀況不良時，毛喪失光澤，脫毛現象明顯，檢查毛是否變硬、是否容易脫毛。

Check 2 耳中是否藏污納垢？

耳內充滿污垢或散發出異臭，表示可能生病了。

要撐開耳朵仔細觀察內部狀況。

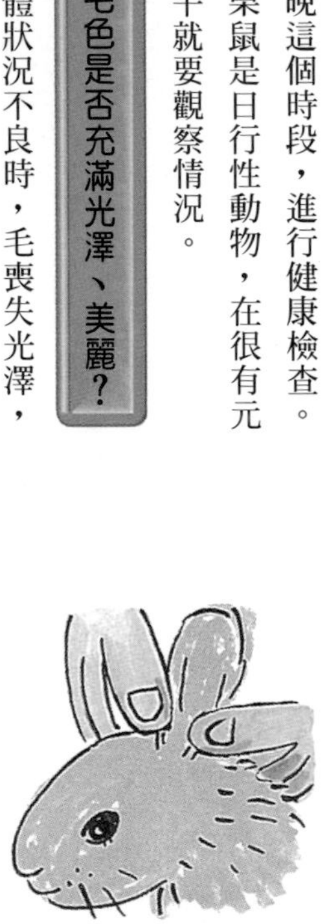

Check 3
眼睛是否明亮有神？

眼睛如果流淚、潮濕、腫脹、充滿眼屎時就要注意了。

要在明亮處仔細檢查眼睛四周。

Check 4
鼻子是否污穢不潔？

身體狀況不良時，會流鼻水或鼻子四周污穢不潔。

Check 5
臀部是否骯髒？

下痢時，臀部周圍會被排泄物沾污，要檢查糞便。

Check 6
指甲或牙齒是否過度增生？

牙齒過長是咬合不正的原因。指甲一旦太長，就容易鉤到物品而受傷。

Check 7
身體是否有硬塊？

經由觸摸發現到有硬塊時，可能是腫瘤，突然增大時更要注意。

Check 8
體重是否突然產生劇烈的變化？

體重突然減輕或增加，都有可能隱藏疾病，要定期的量體重。

不過，花栗鼠、倉鼠、雪貂的體重會因季節的不同而產生變化，要考慮到這個因素（參考45頁）。

Check 9
是否食慾減退、動作變得遲緩？

行動緩慢、沒有食慾或一直睡覺，表示可能生病了。

重點

ONE POINT

檢查還很認生的倉鼠和花栗鼠的方法

有些倉鼠和花栗鼠不喜歡被人類碰觸，勉強捕捉小小的身體，容易引起骨折或受傷。可以將牠們引導進入透明的塑膠盒內，然後再仔細的觀察身體情況。

選擇動物醫院與獸醫的方法

熟悉小動物的獸醫並非隨處可見，爲了避免寵物突然生病而手忙腳亂，要事先找好能夠緊急就醫的主治醫師。

先找尋寵物的主治醫師

感覺寵物異於尋常時，要及早帶到動物醫院去接受檢查。

除了貓、狗之外，能夠診斷其他小動物的獸醫並不多，因此在開始飼養時，就要先找好值得信賴的主治醫師。

當寵物的身體狀況出現異常時，要先打電話去動物醫院說明病情，預約診察時間。

帶到醫院去時要注意溫度管理

如果可以連同飼養的籠子一併帶去，就能夠觀察飼養的環境，否則就只能夠利用攜帶型籠子帶寵物前去就醫，排泄物也要記得一併帶去給醫師進行檢查。

移動時要做好溫度管理。如果是寒冬，則要用毛毯覆蓋籠子再就醫。夏天時，要用毛巾將冰袋裹住放在籠子內降溫。

將病情詳細的告訴主治醫師

到達醫院後，要將身體狀況異常的變化，仔細的告訴醫師。

爲了防止手忙腳亂而說不清楚，事前最好將想要傳達的訊息記錄下來，這樣就能夠有條不紊的說明了。

溫度和營養的管理是照顧的重點

照顧生病的寵物，最重要的就是保溫和營養。要遵照主治醫師的指示，溫柔的細心照顧，讓寵物早點康復。

讓牠在安靜的場所休養

寵物生病時，要讓牠待在安靜的場所好好的休養。注意溫度管理，大致上保持在25度左右。

共同飼養時，要將生病的寵物隔離。

在食物上費點心思以避免食慾不振

動物一旦生病，食慾就會減退，要費點心思製作牠愛吃的食物以恢復食慾。

倉鼠或花栗鼠生病時，可以用水將飼料泡軟，加入葵瓜子、蔬菜調成糊狀來餵食。

兔子或天竺鼠生病時，要給予比平常更多的新鮮蔬菜、野草等，水分含量較多的食物。

雪貂生病時，要用水將飼料泡軟，或將飼料搗碎，讓牠容易下嚥，也可以將肉類動物性蛋白質搗碎後再給牠吃。

仍然食不下嚥時，就可以給牠寵物專用奶粉。

遵照主治醫師的指示投藥

獸醫指示要投藥時，可將藥物混入食物或飲水中，或如下圖所示，藉由滴管從口的側面投與藥物。

雖然有點困難，但仍要嘗試進行投藥練習。同時，服藥的次數與用量要遵守指示投與。

倉鼠容易罹患的疾病 預防與治療法

倉鼠較常見的疾病是毛囊蟲症、濕尾症、咬合不正、腫瘤等，而身體一旦夾在鐵籠的縫隙間時，容易引起骨折，要注意。

皮膚的疾病

■毛囊蟲症

[原因與症狀]

在倉鼠的身上寄生毛囊蟲，會因皮膚的免疫力衰退而發病。

如果是黃金鼠，則從腰部到臀部之間會脫毛，引起發炎症狀。若是多瓦夫倉鼠，則從頸部到背部之間會出現相同的症狀，而且會伴隨出現發癢的症狀。

[治療與預防]

利用注射和塗抹藥物殺死寄生在動物身上的毛囊蟲。

預防的重點在於經常保持籠子的清潔。

■過敏性皮膚疾病

[原因與症狀]

對於特定的鋪料或食物過敏所致。柏木或松木等鋪料，也是引起過敏的原因。

腹部、胸部、側腹等廣大範圍的部分，會出現伴隨出疹的症狀，也會脫毛。

[治療與預防]

去除過敏原，給動物投與類固醇藥劑等。

消化系統的疾病

■濕尾症

[原因與症狀]

因爲下痢而造成尾巴周遭濡濕的症狀，稱爲「濕尾症」。細菌感染、食物、壓力等都有可能是原因。除了下痢之外，還會出現體重減輕、食慾不振等症狀，剛斷奶以及長毛種的倉鼠易罹患。

[治療與預防]

以抗生素爲主進行治療。不過，依原因的不同治療法也略有差異。放任不管的話，2～3天內就會喪命，所以要立刻就醫，預防的重點在於減少壓力。

■直腸脫垂・腸套疊

［原因與症狀］

過度下痢，腸翻轉從肛門脫出。嚴重時，鮮紅的直腸從肛門脫出，稱爲「直腸脫垂」。

空腸、回腸、結腸重疊而從肛門脫出的症狀，稱爲「腸套疊」。置之不理會感染細菌或自己咬腸引起壞死，1週內就會致命，是非常可怕的疾病。

［治療與預防］

發現腸子從肛門脫出時，要立即就醫。不立刻動手術，則有致命之虞。

平常就要避免讓倉鼠引起下痢或便秘。

■腸扭轉

［原因與症狀］

吃進廁所砂或當成鋪料來使用的毛巾、棉花之後，因爲未消化而阻塞腸，引起腸扭轉。長毛種的黃金鼠經常整理自己的毛而將毛吃進腸內，也會引起腸扭轉。

食慾不振、便秘、日益消瘦，如果延誤就醫會致命。

［治療與預防］

投與能夠讓消化器官順暢蠕動的藥物。依然沒有改善時，就要動剖腹手術，要避免在鐵籠中放置原因物質。

■寄生蟲性腸炎

［原因與症狀］

體內受到各種寄生蟲的感染，出現下痢、體重減輕、食慾不振、腸套疊以及脫水等症狀。

［治療與預防］

投與止瀉劑與驅蟲劑，被倉鼠的糞便感染的物品，要立刻進行消毒。

口腔與牙齒的疾病

■咬合不正

［原因與症狀］

遺傳、不適當的食物、過度啃咬籠子等，都會造成牙齒歪斜、咬合不正而引起疾病。

無法咬硬的食物、食慾減退、消瘦，嘴巴合不攏而經常流口水。

［治療與預防］

可以請獸醫處理。症狀嚴重時，要定期接受斷牙治療。爲了防止過度啃咬籠子，最好飼養在水箱內。

■頰囊的疾病

[原因與症狀]

較硬或較尖的食物藏塞在頰囊內會引起發炎，甚至導致臉部腫脹，可能會產生腫瘤或流膿。

另外，長時間塞在頰囊內的食物腐敗時，會使得頸部積膿。尤其多瓦夫倉鼠容易出現頰囊從口中脫出的「頰囊脫垂」症狀。

[治療與預防]

可以利用抗生素抑制發炎症狀，一旦積存膿，就要動切開手術將膿排出。

不要給予會刺激頰囊的食物。

呼吸・循環系統的疾病

■細菌性肺炎・鼻炎

[原因與症狀]

溫度急遽的變化或在不潔的環境中感染細菌而引起發炎。

會出現痛苦的呼吸、食慾不振、鼻涕帶膿、眼屎等症狀。

[治療與預防]

籠子內的溫度保持在20～24度以上，然後儘早就醫。

預防重點是保持一定的溫度，不要給予壓力。當然，營養均衡的飲食與清潔的環境也很重要。

■心臟衰竭

[原因與症狀]

受到遺傳、環境、營養狀態等影響，上了年紀後就容易生病，好像用全身的力量在呼吸似的，出現呼吸困難、體重減輕、食慾不振、體溫下降等症狀。

[治療與預防]

投與利尿劑、血管擴張劑等，同時也要限制運動。食物方面，則要給予低鹽、低脂肪、高纖維（例如蔬菜）的食物，平常就要給予營養均衡的飲食。

泌尿・生殖系統的疾病

■膀胱炎・膀胱結石

[原因與症狀]

原因包括營養不均衡、細菌感染、高齡引起的腎功能障礙以及遺傳等。

會排出紅色或橙色的尿，嚴重時會出現頻尿等排尿困難的症狀。

[治療與預防]

可利用外科手術取出結石，預防最為重要，平常就不要大量給予會造成結石原因的鈣質。膀胱結石的復發率相當高，痊癒之後也不可掉以輕心。

■卵巢與子宮的疾病

［原因與症狀］

原因包括性荷爾蒙失調或細菌感染等，母鼠的生殖器出血、流膿，1歲以上容易出現這種症狀，有多次生產經驗的母鼠更容易罹患。

［治療與預防］

投與抗生素、動手術切除卵巢或子宮，是和荷爾蒙有關的疾病，所以除了適當的飼養之外，並沒有什麼特別的預防之道。

骨骼・關節的疾病

■骨折

［原因與症狀］

四肢鉤到鐵絲網，或在籠子外玩要時，被人類踩踏而發生意外事故。

此外，只吃葵瓜子等低鈣食品，或年老之後罹患骨質疏鬆症時就容易引起骨折。

骨折的部分腫脹，走路方式異常，有時因爲脊椎受損而導致半身麻痺。

［治療與預防］

症狀輕微時要限制運動，等待自然痊癒，症狀嚴重時則要動手術治療。

將鐵籠更換爲水箱，外出時不要讓牠離開你的視線，只要稍加留意，就能夠預防。

其他的疾病

■腫瘤

［原因與症狀］

身體局部出現腫塊的症狀，高齡倉鼠較容易罹患。

堅硬的腫塊稱爲腫瘤，柔軟的腫塊內含液體稱爲膿瘍。腫瘤有良性與惡性之分，惡性的腫瘤就是癌症。

原因包括飲食（高熱量或高蛋白等）、遺傳、病毒、化學物質等。

［治療與預防］

良性腫瘤、初期癌症、膿瘍可以藉由外科手術取出。

進行中的癌症雖可利用抗癌劑治療，不過很難痊癒。

趁腫塊還小時，就要趕緊去看獸醫。

兔子容易罹患的疾病 預防與治療法

兔子容易罹患毛球症、球蟲症、咬合不正、尿路結石、皮膚炎等疾病。骨骼脆弱，容易骨折，要小心照顧。

皮膚的疾病

■皮膚炎

[原因與症狀]

因爲細菌、寄生蟲、荷爾蒙異常會出現皮屑或全身掉毛，皮膚變厚且乾燥，因爲搔抓而使得傷口出血、化膿。

[治療與預防]

趁症狀還不嚴重時趕緊就醫，要耐心的爲牠治療。預防方面，則是要保持環境的清潔。

■疥癬蟲（耳疥蟲症）

[原因與症狀]

兔子的身上容易寄生疥癬蟲，一旦感染耳疥蟲症時，會因爲搔癢而咬耳朵，或用後肢拚命搔抓耳朵。嚴重時，耳內會充血、結痂，甚至併發外耳炎。

[治療與預防]

投與藥物，或利用注射方式驅除疥癬蟲。在治療耳疥蟲症的同時，也可以治療外耳炎。預防對策就是要保持飼養環境的清潔。

■腳底的皮膚炎

[原因與症狀]

腳底的毛經常摩擦而造成皮膚壞死，出現如結痂般的潰瘍症狀。鐵籠的底部爲鐵絲網時，容易引起這種疾病。

[治療與預防]

發現後要立即就醫，最好的預防方法就是在籠子底部鋪上木板。

■皮下膿瘍

[原因與症狀]

皮下形成硬塊（膿變硬而生成的物質）。出現在臉部時，可能是因爲咬合不正，也可能出現在身體的其他部位。初期時，從外觀上看不太出來。

［治療與預防］

利用手術去除膿瘍。無法動手術時，要投與抗生素。原因在於咬合不正時，就要治療牙齒。

消化系統的疾病

■毛球症

［原因與症狀］

自己整理毛，吃進的毛集結在消化管中所致。會引起食慾不振、便秘，甚至只能喝水，身體變得衰弱無力。

［治療與預防］

投與化毛膏或促進消化器官蠕動的藥物。嚴重時，可以利用手術去除。

預防方法是，平常就要給予乾草等纖維含量較多的食物，適度的運動也是必要的。

在換毛時期，要細心的爲牠梳理毛。

■球蟲症

［原因與症狀］

兔子的體內容易寄生球蟲，會經由食物或水而造成感染。

兔子的球蟲症分爲肝臟型與腸型兩種。罹患肝臟型時，肝臟會變大、腫脹，肝功能減退。

如果是腸型，則多半會形成出血性腸炎。出現嚴重的下痢時，死亡率很高。

［治療與預防］

健康的兔子即使受到感染，也不會出現症狀，依然活蹦亂跳。

■腸炎

［原因與症狀］

因爲進食太多、環境急遽的變化、細菌感染、中毒、寄生蟲、腫瘍等而引起下痢，最常見的是細菌感染所造成的腸炎。

［治療與預防］

平常就要仔細觀察糞便的狀態。如果一整天排便都不正常，則要馬上就醫治療。延誤就醫，會引起脫水症狀。

■消化不良・鼓腸症

［原因與症狀］

原因在於暴食、吃進腐敗的食物以及突然變換食物等。大量進食後，突然沒有食慾，全身會蜷曲在原地。胃腸積存太多食物與廢氣，造成肚子鼓脹。

[治療與預防]

就醫投藥以緩和症狀。預防方法是，平常就要給予乾草等富含纖維質的食物。

口腔與牙齒的疾病

■咬合不正

[原因與症狀]

兔子的牙齒終生成長，通常是藉著吃食物磨牙以保持適當的長度，但是如果只吃柔軟的食物，或因爲經常咬鐵籠而造成牙齒異常時，就會導致咬合不正。當然，也有可能是先天性異常所致。

一旦咬合不正，就不能夠順利正常的攝取食物，因而出現食慾不振、體重下降、下痢等症狀。也可能會出現激烈的磨牙行動，或出現口臭、口中出膿、下巴腫脹等症狀。

[治療與預防]

要進行斷牙治療，嚴重時甚至需要拔掉牙齒，因此要儘早就醫。爲了預防，平常就要給予乾草等高纖維食物。

呼吸・循環系統的疾病

■鼻塞

[原因與症狀]

是由巴斯德氏菌或黃色葡萄球菌所引起。原本是指鼻炎或副鼻腔炎，現在則泛指包括支氣管炎、肺炎在內的鼻塞症狀。

最初是流鼻水、打噴嚏，但是隨著症狀的惡化，會出現咳嗽及發出異常的呼吸聲。

[治療與預防]

一旦感染就不易痊癒，所以預防勝於治療。在購買兔子時，要先檢查是否有流鼻水。

泌尿・生殖系統的疾病

■尿路結石

[原因與症狀]

由腎臟、輸尿管、膀胱、尿道所構成的尿路出現結石的疾病，原因包括水分攝取不足或鈣攝取過多等，會出現排尿不順、血尿、食慾不振等症狀。

[治療與預防]

利用手術取出結石。預防方法是要給予足夠的水分，餵食飼料時，更要補充水分與蔬菜。

■子宮腺癌

[原因與症狀]

原因是遺傳或荷爾蒙異常所造成的。初期沒有症狀，不過持續惡化時，陰道會有分泌物或出血。

[治療與預防]

利用手術切除子宮和卵巢，因此早期發現最爲重要。

定期接受健康檢查是必要的。

■乳腺癌

[原因與症狀]

母兔的乳腺出現硬塊，原因是遺傳或荷爾蒙異常等。

[治療與預防]

利用手術切除癌症的部分，同時也可以進行化學療法。爲了早期發現，出現異常時，一定要立刻接受醫院的檢查。

神經・骨骼的疾病

■斜頸

[原因與症狀]

頸部朝一邊歪斜，無法復原。罹患耳朵疾病，耳朵深處的平衡器官異常時，會出現這種症狀。另外，從高處跌落下來，造成支撐頸部的肌肉或骨骼受損，或腦部出現毛病時，也會引起這種症狀。

[治療與預防]

投與抗生素等藥物，不過一旦罹患這種疾病後就不易痊癒。當耳朵出現異常時，要立刻就醫。同時，要避免兔子從高處跌落下來。

■脊椎的損傷

[原因與症狀]

受到粗暴的對待，或因爲受傷等而導致脊椎骨折、脫臼，後肢麻痺，無法排尿，有致死之虞。

[治療與預防]

依症狀的不同而進行手術或投與類固醇等藥物。爲了預防起見，要特別留意處理兔子的方法。

全身感染症

■巴斯德氏病

[原因與症狀]

由巴斯德氏菌這種細菌所引起，會出現鼻炎、肺炎、皮膚炎、結膜炎、斜頸等各種症狀，接觸、咳嗽、打噴嚏等都是感染途徑。

[治療與預防]

即使利用抗生素抑制症狀也很難痊癒。預防之道在於擁有清潔、溫度和濕度都適當的飼養環境，受到感染的兔子要立刻隔離飼養。

雪貂容易罹患的疾病 預防與治療法

雪貂會被人類的流行性感冒所感染。小時候動過去勢和避孕手術，所以容易引起內分泌疾病，要注意健康管理。

皮膚的疾病

■耳疥蟲症

[原因與症狀]

年幼的雪貂容易罹患，是疥癬蟲這種寄生蟲所造成的疾病。

一旦寄生疥癬蟲時，在耳朵深處會附著黑色的分泌物，會因為癢而搔抓耳朵及全身，演變成慢性化後，會引起耳道閉塞或耳血腫等症狀。

[治療與預防]

利用驅疥癬蟲劑等藥物來治療，共同飼養時會造成傳染，所以也要一併檢查其他雪貂的耳朵。

預防方法是要保持飼養環境的清潔。

■瘟熱病（硬蹠症）

[原因與症狀]

是由感染到和犬相同的病毒「犬瘟熱病毒」所造成的感染，是致死率百分之百的可怕疾病。

會經由眼屎、鼻涕等分泌物及排泄物造成感染，潛伏期約7～10天，最初是下顎、嘴唇、眼睛周圍紅腫，腫脹的部分逐漸變硬，肉趾也變硬，同時肛門周圍及大腿內側的皮膚紅腫。其後會出現伴隨結膜炎的眼屎以及流鼻水的症狀，甚至出現40度以上的高燒而喪失活力。

症狀繼續惡化到接近末期時，病毒開始侵襲神經系統，出現痙攣以及斜頸、支氣管炎、肺炎等，全身慵懶無力。

[治療與預防]

沒有特別的治療方法，只能夠藉由抗生素和打點滴進行延命處置。為了避免造成感染，務必要接種預防疫苗。

消化系統的疾病

■胃潰瘍・十二指腸潰瘍

［原因與症狀］

壓力或幽門螺旋桿菌感染所引起，會出現食慾減退、軟便、嘔吐、磨牙、體重減輕等症狀。潰瘍嚴重時，會引起大出血或出血性的休克症狀。

［治療與預防］

治療方法是投與抗生素或黏膜保護劑等，預防方法是要避免不衛生的環境或在狹小的空間內共同飼養，和新的小動物共處一室時會造成壓力，要注意。

■病毒性腸炎

［原因與症狀］

是由小病毒所造成的疾病，會出現綠色黏狀的下痢便。雖然正常的雪貂也可能排出這樣的糞便，但是生病的雪貂會出現食慾不振、脫水症狀，惡化時，完全不能進食，身體逐漸衰弱。

［治療與預防］

投與抗生素或胃腸黏膜保護劑。同時，利用點滴或補液的方式，補充水分和營養。

沒有什麼特別有效的預防方法，因爲是經由糞便造成感染，所以共同飼養的時候，要特別保持便盆的清潔。

呼吸・循環系統的疾病

■流行性感冒

［原因與症狀］

人類流行性感冒的幾種形態也會傳染給雪貂，會出現眼屎、流鼻涕、打噴嚏、發燒、下痢等症狀，只是比較輕微。不過，二次感染所引起的肺炎就要非常注意了。

［治療與預防］

成熟的雪貂在1～2週內會自然痊癒，要給予能夠產生食慾的飲食和水分。年幼雪貂的症狀可能比較嚴重，要立刻就醫。

預防方法是，飼主本身要避免罹患流行性感冒，萬一感冒，也要盡量遠離小動物們。

■犬心絲蟲症

［原因與症狀］

是以蚊子爲媒介而感染犬心絲蟲的疾病，這對於犬而言是非常普遍的疾病，但是相同的寄生蟲也會寄生在雪貂的體內。

會出現呼吸困難、腹水、咳嗽等

症狀。一旦寄生蟲侵入心臟，會導致猝死。

[治療與預防]

感染後就不易治療，預防最爲重要。和狗一樣，1個月投與1次心絲蟲預防藥。

內分泌・生殖系統的疾病

■雌激素過多症

[原因與症狀]

母的雪貂在發情期時如果未進行交配就不會排卵，而且多半會持續的發情。

發情時，由卵巢分泌的雌激素這種性荷爾蒙會降低骨髓的功能，導致白血球、血小板減少而罹患貧血。疾病繼續惡化時，會引起出血、細菌感染以及脫毛等。

[治療與預防]

利用手術切除卵巢或子宮，沒有打算要繁殖時，可以接受避孕手術。

■腎上腺的疾病

[原因與症狀]

雪貂容易罹患腎上腺的疾病，原因來自遺傳以及較早時期接受去勢或避孕手術。

腎上腺出現毛病而引起腫瘤時，尾巴到腹部、背部會產生一大片的脫毛現象。母雪貂的生殖器腫脹，出現黏液；公雪貂則前列腺肥大，排尿不順。

[治療與預防]

利用手術切除腎上腺，內服藥物與荷爾蒙劑加以治療。

預防方法是，避免在較早的時期就接受去勢或避孕手術。在出生後的8～9個月左右，進行結育手術比較理想。只不過大部分的人都是購買已經動過手術的雪貂，因此，每天進行健康檢查以便早期發現，這是最重要的。

■胰島瘤

[原因與症狀]

爲胰臟β細胞的腫瘤，是高齡雪貂容易出現的疾病，會大量分泌胰島素，造成低血糖。

體重減輕、無精打采、行動異常（茫然的望著天空或胡亂咬人），不過有時候徵兆比較輕微，飼主不易發現。

[治療與預防]

在家中進行內科療法和食物療法。食物療法是頻頻餵食，不斷的供給熱量，目前並沒什麼有效的預防法。

花栗鼠容易罹患的疾病 預防與治療法

花栗鼠會因爲壓力或營養偏差而引起脫毛等皮膚問題。幼小的花栗鼠容易罹患肺炎，要小心感冒。

皮膚的疾病

■代謝性脫毛

［原因與症狀］

因爲溫度或日照時間的變化以及壓力等因素，身體的毛脫落或變得稀疏。另外，只給予葵瓜子等高碳水化合物、低纖維的不當食物也是原因之一。

［治療與預防］

做好日照時間、溫度和濕度管理，調整適當的飼養環境。營養均衡的飲食也是必要的，可利用維他命劑與礦物質劑治療。

■乳腺炎

［原因與症狀］

乳腺的細菌感染所引起，是母花栗鼠容易出現的疾病，和性荷爾蒙的平衡失調有關。

乳腺腫脹，嚴重時會分泌膿樣乳汁，通常會併發外陰部腫脹的症狀。

［治療與預防］

調整日照時間、溫度等的飼養環境，促進性荷爾蒙平衡，另外也可以投與抗生素。

■尾巴的皮膚損傷

［原因與症狀］

當花栗鼠拚命的咬尾巴時，會發現尾巴皮膚可能已經潰爛，甚至骨骼和肌肉清晰可見。

花栗鼠的尾巴容易斷裂，在野生生活遭遇敵人的攻擊時，會留下尾巴而逃走。

［治療與預防］

感染時要投與抗生素，通常不必特別處理，只要觀察情況即可，盡量避免讓花栗鼠去咬尾巴。

■肢黏性皮膚炎

[原因與症狀]

四肢受傷時，會去咬患部，導致傷口發炎。最糟糕的情況是，連四肢都要切除。

[治療與預防]

藉助於防咬四肢的裝置，也可以投與鎮定劑或抗生素。

有時會因爲壓力而發病，故要給予一個能夠平靜度日的生活環境。

消化系統的疾病

■內部寄生蟲症

[原因與症狀]

花栗鼠體內附著寄生蟲的機率相當高，有時不會出現症狀，不過症狀嚴重時，會造成下痢或成長遲緩的狀態。

[治療與預防]

依寄生蟲種類的不同，來投與抗原蟲劑或驅蟲劑。

口腔與牙齒的疾病

■咬合不正

[原因與症狀]

經常咬鐵籠或具有磨牙作用的食物投與不足所致。

咬鐵籠會改變牙齒的生長方向，可能會引起牙齒咬合不正。下顎的切齒往前突出，上顎的切齒朝舌頭方向彎曲，嚴重時甚至無法咀嚼食物。

[治療與預防]

難以治療，要給予柔軟的食物以取得營養。

爲了預防起見，可以在籠子內放入啃木讓牠咬。

呼吸・循環系統的疾病

■肺炎・支氣管炎

[原因與症狀]

原因是細菌或病毒感染。輕症時，會出現呼吸音異常或打噴嚏等症狀，然後出現流鼻涕和呼吸困難的症狀。重症時，食慾減退，全身無力，是剛帶回家飼養的年幼花栗鼠容易罹患的疾病。

原因之一是飼養環境的變化及壓力等。

[治療與預防]

投與抗生素、支氣管擴張劑、抗組織胺劑等。沒有食慾時，就要打點滴。

預防重點是保持適當的溫度、濕度以及調整飼養的環境。

泌尿系統的疾病

■膀胱炎

［原因與症狀］

細菌感染所引起，公鼠可能在做記號時損傷生殖器而引起這種症狀。

會排出摻雜血的紅色或橙色尿液，嚴重時，會引起排尿不順或食慾不振。尤其公鼠會出現尿道閉塞，甚至造成腎功能衰竭。

［治療與預防］

投與抗生素或止血劑，大量飲水促進排尿。爲了加以預防，要保持籠子內部的清潔。

骨骼・關節的疾病

■骨折

［原因與症狀］

從高處跌落或被鐵籠、滾輪等玩具鉤住手腳而引起骨折。

另外，鈣質攝取不足或高齡罹患骨質疏鬆症時，也容易引起骨折。

［治療與預防］

可以移到水箱中等不容易攀爬的容器中飼養，限制運動，等待自然痊癒。當然也可以接受外科手術，不過很難痊癒。

要調整飼養環境以避免發生骨折，在處理寵物時也要非常的小心。

骨折時，要移到塑膠製的水箱中飼養，並限制其運動。

營養性的疾病

■蛋白質缺乏症

［原因與症狀］

未滿1歲的松鼠容易罹患這種疾病。一旦蛋白質不足，大腿、腰部的毛脫落，變得稀疏，但是不會發癢。

［治療與預防］

小花栗鼠特別需要蛋白質，要給予昆蟲、起司球、優格、飼料、煮蛋等高蛋白的食物，同時也可以服用維他命劑或礦物質劑。

全身感染症

■鏈球菌症

［原因與症狀］

小花栗鼠因爲細菌而引起的感染症，會出現呼吸困難、眼屎、流鼻涕、食慾不振等症狀，沒有元氣。

多半會慢性化，會因爲懷孕、營養疾病以及運送上的壓力而發病，幼小的花栗鼠可能會因爲敗血症而猝死。

［治療與預防］

投與抗生素，服用維他命劑等。

天竺鼠容易罹患的疾病 預防與治療法

天竺鼠的抗壓性較弱，容易引起下痢和皮膚疾病。共同飼養時，會互相傳染疾病，同時也要注意維他命C缺乏症。

皮膚的疾病

■皮癬菌

[原因與症狀]

天竺鼠感染黴菌而引起的疾病，在顏面、背部、四肢等地方會出現出疹、脫毛的現象。

表面如鱗片一般，會出現伴隨發癢的症狀。不適當的飼養環境、營養偏差、壓力等是原因。

[治療與預防]

投與抗眞菌劑。可能會傳染給人類，要特別小心。此外，也要隨時保持籠子的清潔。

■天竺鼠羽蝨

[原因與症狀]

天竺鼠被蝨子、蟎等寄生蟲感染而引起的症狀。

一旦附著羽蝨時，毛根呈現白色，利用肉眼即可確認。會出現脫毛、發癢等症狀，尤其容易出現在耳朵周邊。

[治療與預防]

連續7～10天使用驅蝨劑，光是接觸就會造成傳染，因此共同飼養時要注意，要保持籠子的清潔加以預

■頸部淋巴關節炎

[原因與症狀]

是因爲常駐於呼吸器官中的細菌感染所引起。顎下及頸部淋巴結肥大，腫脹的淋巴結積存白色膿汁，引起敗血症時，會有致命的危險。

[治療與預防]

輕症時可以投與抗生素，但是效果不彰，可利用外科手術切除淋巴結。

可能是口中的擦傷等造成感染，不過眞正的原因不明，也沒什麼有效的預防法。

防。

消化系統的疾病

■下痢

［原因與症狀］

下痢不是病名，但卻是很多疾病的前兆。在狹小的空間多隻飼養、濕度過高、投與不當的抗生素、壓力，以及突然更換食物等，都是引起疾病的原因。

［治療與預防］

一旦症狀嚴重時，難以痊癒，甚至有致命之虞，要立刻就醫。

呼吸系統的疾病

■鼻炎・支氣管炎・肺炎

［原因與症狀］

原因是細菌、病毒、過敏或壓力等，症狀包括打噴嚏、咳嗽、食慾不振等，接著體重逐漸減輕，身體虛弱。

也可能經由兔子而傳染「支氣管敗血症」，幼小的鼠隻一旦罹患，症狀將會十分嚴重，甚至致死。

［治療與預防］

延誤就醫有致命的危險，要在早期利用抗生素進行治療。此外，也有傳染到支氣管敗血症的危險，所以不要和兔子共同飼養。

生殖系統的疾病

■難產

［原因與症狀］

天竺鼠容易難產，如果胎兒的身體待在產道的時間太長，則可能會造成死亡。

［治療與預防］

有繁殖的打算時，在出生後3～6個月內就可以進行繁殖。出生後超過7個月，產道不易張開，容易造成難產。肥胖也是難產的原因，要避免。

營養性的疾病

■維他命C（抗壞血酸）缺乏症

［原因與症狀］

也稱爲壞血病。天竺鼠的體內無法製造出維他命C，如果連續10～15天給予缺乏維他命C的食物，就會罹患這種缺乏症。症狀包括關節腫脹、疼痛以及皮下出血等，嚴重時甚至無法步行，也可能會致死。

［治療與預防］

投與抗壞血酸（維他命C），平日要提供含有豐富維他命C的蔬果及食物。

要注意由寵物傳染的「人畜共通感染症」

由寵物傳染給人的疾病很多，也許動物本身沒有症狀，但是人類卻出現症狀，要知道這方面的正確知識。

與寵物共同生活仍要劃清界線

脊椎動物和人之間的傳染所造成的感染症稱爲「人畜共通感染症」，像狂犬病與瘟疫都是眾人皆知的人畜共通感染症。此外，還包括各種疾病，例如絲狀菌（黴菌）、沙門氏菌會出現在倉鼠、兔子、雪貂、花栗鼠、天竺鼠等所有動物的身上。

不過，只要稍微與寵物保持距離，就能夠大大降低人畜共通感染症的罹患率，以下4點是與動物相處時的重點。

①接觸動物及其籠子、排泄物之後務必要洗手

很多疾病的感染源都來自動物的排泄物，也可能附著在動物的身上或鐵籠內，因此，照顧完動物或和動物共同玩耍之後務必要洗手。

②不要以口傳方式餵動物吃東西，也不要人畜同床共眠

不可因爲寵物十分的討人喜愛，就用自己的嘴巴傳送食物餵牠吃東西，或讓牠和自己蓋同一條被子一起睡覺。這樣不僅不衛生，對動物而言也是一種壓力。

③被咬或抓傷時要立刻消毒傷口

被咬時的傷口也會傳染疾病，萬一被咬時，一定要立刻消毒傷口。

④開始飼養動物時，最好到動物醫院接受健康檢查

開始飼養寵物時，最好先讓寵物接受健康檢查，調查有無疾病。同時，飼主本身感覺不適時，也要到醫院接受檢查。這時，務必告訴醫師自己是飼養何種寵物。

小動物身上容易發生的人畜共通感染症

■皮癬菌症

病原體／屬於一種黴菌的皮膚絲狀菌

感染途徑／接觸傳染

有傳染可能性的動物／食肉目、齧齒目、兔子目的動物
出現在人類身上的主要症狀／皮膚發癢

■沙門氏菌病

病原體／沙門氏菌
感染途徑／吃進被排泄物污染的食物而造成感染
有傳染可能性的動物／所有的動物
出現在人類身上的主要症狀／下痢、腹痛、嘔吐等食物中毒症狀

■淋巴球性脈絡膜炎（LCM）

病原體／沙粒病毒屬的淋巴球性腦膜脈絡膜炎病毒
感染途徑／接觸到被感染的倉鼠的唾液和尿液而造成感染
有傳染可能性的動物／倉鼠
出現在人類身上的主要症狀／發燒、頭痛、食慾不振。倉鼠本身並沒有症狀，要注意

■小型螩蟲病

病原體／螩蟲
感染途徑／接觸到被感染的倉鼠的糞便而造成感染
有傳染可能性的動物／多瓦夫倉鼠
出現在人類身上的主要症狀／發燒、頭痛、食慾不振等

■巴斯德氏病

病原體／巴斯德氏菌
感染途徑／接觸到被感染的兔子或經由咳嗽、打噴嚏而造成的感染
有傳染可能性的動物／兔子
出現在人類身上的主要症狀／打噴嚏、流鼻水等

■幽門螺旋桿菌病

病原體／幽門螺旋桿菌（細菌）
感染途徑／吃進被排泄物污染的食物而造成感染
有傳染可能性的動物／雪貂
出現在人類身上的主要症狀／下痢、腹痛、發燒

■鉤端螺旋體病

病原體／鉤端螺旋體菌（細菌）
感染途徑／排泄物造成皮膚污染
有傳染可能性的動物／倉鼠等齧齒目的動物、雪貂
出現在人類身上的主要症狀／發燒、腎臟疾病、黃疸等，人類罹患這種疾病時稱爲「威氏病」

重點～ ONE POINT 如何面對寵物死亡

對於壽命較短的寵物之死，飼主雖然深受打擊和悲傷，但也一定要節哀順變，否則自己心愛的寵物也會對你百般的不捨與擔心。要珍惜以往快樂的回憶，好好的供養寵物，讓牠安心的上天堂。